U0454252

 高等职业教育测绘地理信息类规划教材

摄影测量基础

主　编　张笑蓉　陈　丕

副主编　陈　帅　齐秀峰

参　编　霍世雯　王　晓　张阳阳　黄海虹　程亚慧

主　审　杜玉柱

WUHAN UNIVERSITY PRESS

武汉大学出版社

图书在版编目（CIP）数据

摄影测量基础 / 张笑蓉,陈丕主编. -- 武汉：武汉大学出版社, 2025.7.
高等职业教育测绘地理信息类规划教材. -- ISBN 978-7-307-25058-1

Ⅰ.P23

中国国家版本馆 CIP 数据核字第 2025L7M111 号

责任编辑：史永霞　　　责任校对：汪欣怡　　　版式设计：马　佳

出版发行：**武汉大学出版社**　　（430072　武昌　珞珈山）

（电子邮箱：cbs22@whu.edu.cn　网址：www.wdp.com.cn）

印刷：武汉图物印刷有限公司

开本：787×1092　1/16　　印张：12.5　　字数：317 千字　　插页：1

版次：2025 年 7 月第 1 版　　2025 年 7 月第 1 次印刷

ISBN 978-7-307-25058-1　　定价：49.00 元

前　言

摄影测量作为测绘学科的重要组成部分,在现代社会的诸多领域中发挥着不可替代的作用。从地形测量、地块规划到建筑监测,乃至城市规划与灾害预警,摄影测量技术凭借其高效、精准、直观等特性,为各行业提供了地理信息支持。对于高职测绘类专业的学生而言,掌握摄影测量基础是迈入测绘领域的重要一步。

本教材全面贯彻执行《国家职业教育改革实施方案》《职业院校教材管理办法》,加强职业教育新形态教材建设,认真落实 2022 年 12 月 21 日中共中央办公厅、国务院办公厅印发的《关于深化现代职业教育体系建设改革的意见》,"深入推进习近平新时代中国特色社会主义思想进教材、进课堂、进学生头脑"。

本教材按照国家对职业教育的新要求,依据 2025 年 2 月修订的专业教学标准,结合摄影测量员国家职业技能标准,适应测绘地理信息行业改革与发展的需要精心编写而成。本教材结合产教融合教学需求,以市场需求为导向,与产业趋势同步,覆盖从基础理论到职业技能的广泛领域;坚持以学生为中心,以生产案例为主线,将技术内容分为 7 个项目,重点介绍了影像获取及预处理、像片控制测量、解析空中三角测量、3D 产品制作、外业调绘;在内容上,突出实用性和通用性,做到理论知识适度够用、通俗易懂,实践技能可操作性强,是一本理论联系实际、教学面向生产的精品教材。同时,本教材注重落实立德树人根本任务,铸魂育人,融入技术自信、法治观念、工匠精神等思政元素,为学生提供正确的导向和价值引领。

本教材配套建设了数字资源,在书中以二维码形式体现,丰富了教材内容,体现了课程延展性,增加了学生学习和教师授课的灵活性。

本教材的编写人员具有丰富的测绘实践经验和多年的教学经验。编写人员及分工如下:吕梁职业技术学院王晓编写项目 1;山西水利职业技术学院张笑蓉编写项目 2;山西水利职业技术学院霍世雯编写项目 3;内蒙古建筑职业技术学院齐秀峰编写项目 4;山西水利职业技术学院陈帅编写项目 5;武汉城市职业学院张阳阳编写项目 6;江西环境工程职业学院黄海虹和山东信息职业技术学院程亚慧编写项目 7。三和数码测绘地理信息技术有限公司陈丕为本书提供了生产案例及数字资源。本书由张笑蓉、陈丕担任主编,陈帅、齐秀峰担任副主编。

全书由张笑蓉负责统稿,由山西水利职业技术学院杜玉柱教授担任主审。

本教材适合高等职业院校测绘地理信息相关专业学生使用,也可供测绘工程技术人员阅读参考。

由于摄影测量技术不断发展和创新,编者水平有限,书中难免存在不足之处,恳请广大读者提出宝贵建议,以便我们在后续的修订中不断完善。

编者

2025 年 3 月

目　　录

项目1 ▏ 认识摄影测量

📖 教学目标

1. 掌握摄影测量的定义、任务及分类。
2. 了解摄影测量与遥感的发展史、摄影测量与遥感技术的发展现状及发展趋势等。
3. 熟悉摄影测量与遥感技术在现代地理信息测绘中的作用。

📖 思政目标

从摄影测量的发展历程及摄影测量专家的丰功伟绩中受到启发,坚定拥护中国共产党领导和我国社会主义制度,在习近平新时代中国特色社会主义思想指引下,积极践行社会主义核心价值观,在实现中华民族伟大复兴的征程中彰显测绘人的使命担当。

任务1.1 摄影测量的定义、任务及分类

1-1 摄影测量的定义、特点、分类与任务

1.1.1 摄影测量的定义和任务

摄影测量学是一门以影像为基础,通过信息获取、处理、分析和成果表达等技术手段,研究被摄物体的几何与物理特性,并重建其空间位置、形状及其相互关系的信息科学。

传统摄影测量学是以光学摄影机获取的影像为基础,通过几何与信息处理方法,精确测定被摄目标的形状、大小、空间位置及其属性特征,并分析其相互关系的科学与技术体系。其研究范畴涵盖影像获取技术、单像与多像解析的理论与方法、测量仪器与处理系统的研发,以及测量成果的可视化表达(图解形式)与数字化建模等完整技术流程。

现代摄影测量学是运用光、电等遥感技术设备(包括数字相机、扫描仪、雷达等)获取被测物体影像数据,并通过影像量测与分析确定物体几何与物理特性的学科。其本质特征是通过影像进行非接触式测量,即在像片或数字影像上进行量测和解译,无须直接接触被测物体,因而较少受自然和地理条件限制。

摄影测量的主要任务是测制各种比例尺的地形图,建立地形数据库,并为各种地理信息系统和土地信息系统提供基础数据(4D产品)。摄影测量研究内容如图1.1所示。

4D产品具体包括以下内容:

① 数字高程模型(digital elevation model,DEM),是表示地面高程信息的数据集,由规则格网点的平面坐标及其对应的高程值构成,用于地形分析和三维建模。

② 数字正射影像图(digital orthophoto map,DOM),是利用DEM对航空影像或遥感影像(单色/彩色)进行逐像元几何校正,消除投影变形后,经影像镶嵌、图幅裁切生成的影像数

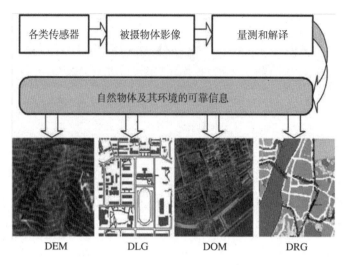

图 1.1　摄影测量研究内容

据。其成果通常包含格网、图廓整饰及注记,具有精确的平面位置和统一的影像分辨率。

③ 数字线划地图(digital line graphic,DLG),是地形图基础地理要素的矢量数据集,保留了要素的空间关系(如拓扑结构)及其属性信息,可用于 GIS 空间分析和制图表达。

④ 数字栅格地图(digital raster graphic,DRG),是纸质地形图经扫描、几何纠正、图幅整饰及数据压缩后生成的栅格数据文件,在内容、几何精度和色彩表现上与原图保持一致,便于数字化存储与使用。

1.1.2　摄影测量的分类

1. 按摄影距离分

(1) 航天摄影测量

航天摄影测量就是利用航天飞行器(如人造地球卫星、宇宙飞船、轨道空间站等)搭载各类传感器(包括可见光、红外和多光谱相机等)从太空对地球进行观测,获取具有研究价值的地球影像和数据。对这些影像资料进行几何处理、影像分析和判读,可生成地形图或提供地球资源调查、环境保护监测、军事情报获取等信息。该技术已广泛应用于地形图修测与更新、影像地图制作以及专题地图编制等领域。目前,遥感成图比例尺已从早期的 1∶5 万至 1∶100 万提升至 1∶5000 左右(甚至可达 1∶1000),在特定条件下已能够替代部分航空摄影测量工作。

(2) 航空摄影测量

航空摄影测量是利用安装在航空平台上的航摄仪对地面进行连续摄影以获取影像数据,通过地面控制测量、像片调绘和立体测图等技术流程,最终生成 4D 产品的测绘方法。该方法成图比例尺范围覆盖 1∶500 至 1∶5 万,是制作 1∶500 至 1∶5000 比例尺地形图的重要技术手段,同时也是生产 1∶1 万至 1∶5 万比例尺地形图的主要方法。

（3）地面摄影测量

地面摄影测量是在基线两端安置摄影机，对目标拍摄立体像对，进而实施测绘的技术。该技术适用于高山地区、小范围山地及丘陵区域的地形测绘，并广泛应用于地质勘探、冶金工程、矿山开采、水利建设、铁路勘察等领域，尤其适用于山区工程勘察及航摄漏洞的补测工作。

（4）近景摄影测量

近景摄影测量是指利用摄影设备对近距离（通常小于300m）非地形目标进行拍摄，通过影像解析测定目标几何特性的测量技术。该技术特别适用于不规则物体外形测量、动态目标监测，以及燃烧、爆炸等不可接触对象的测量，目前已广泛应用于建筑工程、机械制造、生物医学、采矿冶金、地质勘探、地理研究、考古发掘及海洋观测等领域。

（5）显微摄影测量

显微摄影测量是指利用电子显微镜等显微成像设备，对肉眼难以分辨的非地形目标进行影像采集，并通过摄影测量方法测定其几何特性的测量技术。该技术目前主要应用于生物学、医学等微观尺度测量领域。

2. 按用途分

（1）地形摄影测量

地形摄影测量就是对地表进行连续立体影像拍摄，经摄影测量处理获取地理信息数据。它用于测制国家基本地形图、工程勘察设计用图，并服务于城镇规划、农林资源调查、地质勘探、水利电力建设等专业领域。

（2）非地形摄影测量

非地形摄影测量是指获取非地形目标的立体像对，测定其几何形态、尺寸、空间位置及运动状态的摄影测量技术。该技术直接应用于工业检测、建筑工程、考古研究、变形监测、刑事侦查、事故调查、军事侦察、弹道分析、爆破工程、矿山测量以及生物医学等领域。

3. 按影像信息处理的技术手段分

（1）模拟摄影测量

模拟摄影测量是通过光学或机械投影方法模拟摄影成像过程，利用两个或多个投影器恢复航摄仪在摄影瞬间的空间位置和姿态，实现摄影过程的几何反转，构建与实际地形表面成比例的可量测立体模型，并通过对该模型的量测获取地形图及各类专题图件的传统摄影测量技术。

（2）解析摄影测量

解析摄影测量是以计算机为核心技术手段，通过像片量测和解析计算的空间交会方法，在计算机系统中建立像点与物点之间的严密数学关系，进而精确测定被摄目标的几何形态、空间位置、尺寸特征及其相互关系，最终生成各类摄影测量产品的现代摄影测量技术。

（3）数字摄影测量

数字摄影测量是基于摄影测量基本原理，通过计算机技术、数字图像处理、模式识别等多学科理论与方法，从数字影像或数字化影像中自动提取被摄对象几何与物理信息的现代摄影测量技术。该技术实现了摄影测量全过程的数字化，可生成数字高程模型、数字正射影像图等4D产品。

任务 1.2　摄影测量与遥感的发展史及发展趋势

1-2 摄影测量的发展历程

1.2.1　摄影测量与遥感的发展史

摄影测量与遥感（photogrammetry and remote sensing）是利用非接触传感器系统获取影像及数字数据，并对其进行几何量测与信息解译，从而获取地物及其环境可靠信息的科学与技术，主要应用于资源与环境调查，为国土、农业、气象、环境、地质、海洋等领域提供技术支持。

摄影测量技术自诞生以来已有百余年发展历史，历经模拟摄影测量、解析摄影测量至数字摄影测量三个主要发展阶段。

（1）模拟摄影测量

模拟摄影测量是通过光学机械方法模拟摄影时的几何关系，利用几何反转原理，由像片重建被摄物体的几何模型，通过对该模型进行量测获取所需图形（如地形原图）的技术。模拟摄影测量是最直观的摄影测量方法，也是发展历史最悠久的摄影测量技术。1859 年法国陆军上校劳赛达特（Aimé Laussedat）在巴黎成功利用像片测制地形图，标志着摄影测量的诞生。除早期的手工量测外，模拟摄影测量主要聚焦于模拟解算的理论方法与仪器研制。在飞机发明前，虽通过气球和风筝获取了航空影像，但尚未形成完整的航空摄影测量体系。飞机问世后，特别是第一次世界大战期间，航空摄影测量技术得到快速发展，模拟摄影测量的应用领域也从地面摄影测量扩展至航空摄影测量。

（2）解析摄影测量

解析摄影测量是伴随电子计算机的出现和发展而逐步形成的技术体系。它始于 20 世纪 60 年代，成熟于 80 年代。解析摄影测量基于像点与相应地面点之间的数学关系，利用电子计算机解算像点与地面点的坐标，并进行测图相关计算。在解析摄影测量中，利用少量野外控制点加密测图控制点或其他用途的密集控制点的工作，称为解析空中三角测量。由电子计算机控制实施的测图过程称为解析测图，相应的仪器系统称为解析测图仪。解析空中三角测量俗称"电算加密"。电算加密技术和解析测图仪的诞生，标志着摄影测量正式进入解析摄影测量阶段。

（3）数字摄影测量

数字摄影测量是以数字影像为基础，通过计算机数字图像处理技术，确定被摄物体的几何形状、尺寸、空间位置及其属性的技术方法，具有全数字化的特点。数字影像的获取方式主要有两种：一是通过数字传感器直接获取，二是通过对传统像片进行数字化扫描获取。对获取的数字影像进行预处理，使其适于判读与量测，然后在数字摄影测量系统中进行影像匹配和摄影测量处理,即可获得各类数字产品。这些产品可以输出为图形、图像等可视化形式。数字摄影测量具有广泛的适用性,能够处理航空影像、航天影像和近景摄影影像等多种数据源,可为地图数据库的建立与更新提供基础数据,并用于生成数字高程模型、构建数字地球等,是地理信息系统重要的数据获取手段之一。目前数字摄影测量技术已得到广泛应用,并且在持续快速发展。

图 1.2 展示了摄影测量的发展历程,每个阶段的特点对比如表 1.1 所示。

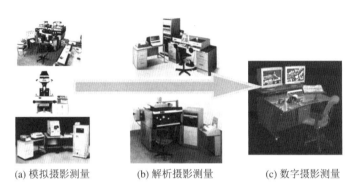

(a) 模拟摄影测量　　　　　(b) 解析摄影测量　　　　　(c) 数字摄影测量

图 1.2　摄影测量的发展历程

表 1.1　摄影测量发展阶段的特点对比

发展阶段	时间	原始资料	投影方式	仪器	操作方式	产品
模拟摄影测量	20 世纪 30—70 年代	像片	物理投影	模拟测图仪	作业员手工	模拟产品
解析摄影测量	20 世纪 60—90 年代	像片	数字投影	解析测图仪	机助作业员操作	模拟产品 数字产品
数字摄影测量	20 世纪 90 年代至今	像片 数字影像	数字投影	计算机	自动化操作 作业员干预	数字产品

1.2.2　摄影测量与遥感发展现状

① 轻小型低空摄影测量及遥感平台已得到广泛应用。这类平台具有操作便捷、机动灵活和经济高效的特点。低空摄影测量及遥感平台能够快速获取低空数码影像数据,并支持大比例尺测图,适用于高精度城市三维建模,可满足各类工程技术项目的应用需求。由于其成本效益高、部署灵活,且受云层影响较小,因此它对现有航空遥感技术体系形成了有效的补充。

② 高分辨率卫星遥感影像技术快速发展。随着科技进步,国内外已成功发射多颗高分辨率遥感卫星。卫星遥感影像的空间分辨率持续提高,且成像模式日趋多样化,从早期的单线阵推扫式成像逐渐发展为多线阵推扫式成像。此外,立体模型的构建方法也呈现多元化发展趋势,立体测图精度随着基高比的优化和多视影像交会方式的改进而显著提高。

③ 航空数码相机被广泛使用。随着影像技术的进步，航空数码相机逐渐取代传统的胶片航测相机，成为大比例尺地理空间数据获取的主要手段。2007 年，由刘先林院士主持研发的 SWDC 系列航空数码相机成功问世，改变了我国曾长期依赖进口大幅面航空数码相机的局面。SWDC 系列航空数码相机系统的技术指标达到了国际先进水平，在配备 50mm 镜头时，其精度可达 1/10000，且具有价格优势，实现了我国影像技术的重大突破。

④ 新一代数字摄影测量系统发展平民化。近年来，我国高校及企业自主研发的新一代数字摄影测量系统不断涌现，相比传统的数字摄影测量系统，具有智能化程度高、操作简单、精度高、界面友好等特点，使得摄影测量数据处理工作变得简单高效，极大地促进了摄影测量技术的发展及普及。

1.2.3 摄影测量与遥感发展趋势

① 传感器平台多样化发展。当前传感器平台的选择范围持续扩展，在实际生产作业中，可根据具体需求选择最适宜的传感器及搭载平台。

② 新型传感器市场化应用。多种新型传感器已进入市场并逐步扩大市场份额，其中机械式激光雷达系统在点云数据获取方面发挥着关键作用。

③ 摄影测量软件平台的并行化演进。随着新型数字航摄仪的应用和遥感传感器分辨率的显著提高，获取的数据量大幅增加。同时，测图周期不断压缩，要求数据在更短时间内完成处理，这促使摄影测量平台的数据处理能力向并行化方向快速发展。

④ 新型 SAR 传感器系统及其数据处理技术发展。如何高效处理 SAR 数据并实现信息提取是当前重要的研究方向。在立体 SAR 领域，构像方程建立、精度评估及平差参数选取仍是研究重点。参数提取技术已发展至基于知识的识别阶段，处理对象从像元扩展到同质像斑，但 SAR 数据参数提取的效率和精度仍是制约发展的关键因素。

⑤ 多源遥感数据融合。在多源遥感数据融合方面，线特征的配准是当今的研究重点。各种新数据融合方法的不断出现，旨在保持丰富光谱信息的同时提高计算效率。但是，目前还缺乏统一的融合模型以及客观的评价方法。

⑥ 高级新型分类算法发展。近年来分类技术快速发展，涌现出大量智能化、自动化的新型算法。这些新型算法显著提高了分类精度，同时分类的不确定性分析也受到广泛关注。

⑦ 遥感反演参数范围扩展，精度提高。通过引入先验知识并优化反演策略，涉及海洋、陆地、大气、社会及生物等领域的可反演参数类型持续增加，其反演精度也在不断提高。

1.2.4 摄影测量与遥感在现代地理信息测绘中的作用

摄影测量与遥感技术推动了测绘技术的创新发展。当前，我国数字栅格地图、数字高程模型、数字正射影像图等的建立，不仅丰富了摄影测量数据库的多样性，更为实际生产应用提供了坚实的技术支撑，显著促进了测绘技术的进步。同时，摄影测量与遥感技术的发展有力推动了地理信息数据库的建设，为我国国土调查工作提供了重要技术保障。

摄影测量与遥感技术促进了空间数据获取能力的提高。通过自主研发遥感数据处理平台，我国已建立并不断完善国产卫星遥感影像地面处理系统，为实现地理信息自主处理提供了先进的技术手段。随着摄影测量与遥感技术的持续发展,数据获取能力不断增强,在资源勘查、气象预报、环境监测与灾害评估等领域发挥着日益重要的作用。

课后习题

1. 什么是摄影测量?
2. 摄影测量的主要任务是什么?
3. 摄影测量如何分类?
4. 简述摄影测量的发展历程。

项目 2　影像获取及预处理

教学目标

1. 了解摄影原理及航空摄影机的基本构造。
2. 掌握航空摄影的基本概念及要求，航空摄影测量实施的过程。
3. 掌握单张航摄像片解析的原理及方法。
4. 掌握立体像对的概念，了解立体像对的前方交会原理，了解解析法相对定向和解析法绝对定向等内容。

思政目标

本项目在讲解摄影原理及摄影机结构时，充分展现了工程技术人员的技术智慧，要求学生以工程技术人员为榜样，培养其精益求精、科学严谨的工匠精神；通过系统学习航空摄影技术规范、像片质量评价标准及作业流程等专业知识，强化学生的职业道德素养与行业规范意识，着力培养其爱岗敬业的职业态度和团队协作的专业精神。

项目概述

依法划定河湖管理范围、明确管理边界是强化河湖管理的基础性工作，既是《中华人民共和国水法》《中华人民共和国防洪法》及《中华人民共和国河道管理条例》等法律法规的明确规定，也是中央全面推行河长制、湖长制的重要任务要求。近年来，各地结合河长制、湖长制工作积极推进河湖管理范围划定工作，取得显著成效，但部分区域仍存在重视不足、进度滞后等问题，个别河湖管理范围边界模糊，侵占、破坏河湖现象时有发生，严重影响了河湖生态空间的规范管控。

根据水利部《关于开展河湖管理范围和水利工程管理与保护范围划定工作的通知》（水建管〔2014〕285 号）的总体要求和××市××湖管理范围规划编制项目的目标任务，对××市××湖开展专项调查工作。测区范围北起××高速公路，南至××省道，东起××乡道，西至××县道，涵盖多个行政村，该湖东西向约 6.2 km，南北向约 6 km，水域面积约 37 km²。主要工作内容包括航空影像获取及预处理、像片控制测量、解析空中三角测量、数字高程模型（DEM）制作、1∶2000 比例尺数字正射影像图（DOM）制作、1∶2000 比例尺数字线划图（DLG）制作、跨河建筑物调绘。

本项目的任务是影像获取及预处理，主要包括：

① 航空影像获取；
② 航摄成果整理及预处理；
③ 立体像对观测。

任务 2.1 摄影测量影像获取

2.1.1 摄影原理与航空摄影机

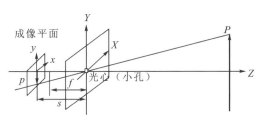

2-1 摄影原理与航空摄影机

1. 摄影原理

如图 2.1 所示,设置一个小孔,仅允许特定方向的光线穿过该孔,从而实现对光线传播方向的限制。光线从不同方向通过小孔后,会在成像平面上形成倒立、缩小的实像。这一现象的产生机理是:每个物点发出的光线经过小孔后,根据其入射角度和小孔的空间位置,会在像平面上形成唯一对应的像点,所有像点的集合即构成完整的倒立实像。

小孔成像存在的主要技术缺陷是成像亮度较低,在低照度环境下难以获得理想的成像效果。同时,孔径尺寸对成像质量具有显著影响:孔径过大会导致像点弥散和几何畸变;孔径过小则会产生明显的衍射效应,造成图像分辨率下降和清晰度降低。

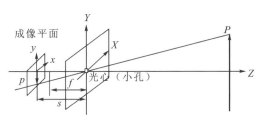

图 2.1 小孔成像原理

从摄影功能实现的角度来看,照相机主要由成像系统、曝光系统和辅助系统三大核心结构组成。其中,成像系统包含光学镜头组件、对焦测距装置、取景器系统、辅助透镜组、滤光镜及特效镜等部件,曝光系统由快门机构、光圈调节装置、测光模块、闪光灯系统以及延时拍摄机构等构成,辅助系统包括胶片传输机构、拍摄计数器及胶片回卷装置等功能组件。(见图 2.2 和图 2.3)

图 2.2 SONY 照相机

图 2.3 Nikon 照相机

如图 2.4 所示,根据小孔成像原理,用摄影机物镜代替小孔,在像平面处放置感光材料,当被摄物体的反射光线通过摄影机物镜后,会聚集于感光材料上,感光材料受成像光线的光化学作用后生成潜影,再经显影、定影等摄影处理工序后得到光学影像,这一过程称为摄影。被摄景物反射出的光线经由摄影物镜和快门的光量控制后,在暗箱内的感光材料上形成潜影,经冲洗处理(即显影、定影)转化为稳定的永久影像。摄影过程中在感光材料上形成的影像就是摄影成果,此成果统称为"像片"。

感光材料有正性和负性之分,分别产生正片和负片(底片)。

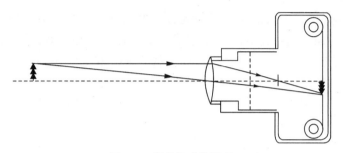

图 2.4　照相机成像原理

小孔成像是一种基于光的直线传播特性的成像原理,广泛应用于相机、幻灯机、显微镜等光学器件的设计中。小孔成像与光线经过凸透镜成像有所不同。小孔成像是通过限制光线传播方向形成倒立实像,而凸透镜成像则是基于光的折射原理,将光线聚焦在焦点上成像。

2. 摄影机简介

1) 摄影机结构

摄影机的基本结构包括镜箱和暗箱两个部分,如图 2.5 所示。

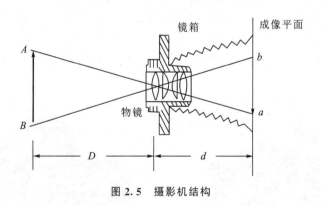

图 2.5　摄影机结构

镜箱是摄影机的光学部分,它包括物镜筒、镜箱体和像框平面。物镜筒内嵌摄影机物镜、光圈和快门,光线由物镜筒进入摄影机内。镜箱体是一个可以调节摄影机物镜与像框平面之间距离的封闭筒。暗箱是存放感光材料用的,安装在镜箱体的后面,摄影时借助机械装置或其他装置的作用,使感光材料展平并紧贴在像框平面上。像框平面就是光线通过摄影机物镜后的成像平面。

（1）摄影机物镜

摄影机物镜是一个复杂的光学系统，它由多个透镜组合而成，在摄影时起成像和聚光作用。单透镜物镜有各种像差，为克服像差的影响，一般摄影机物镜都由几个透镜组合而成。

透镜的两个球面曲率中心的连线构成透镜的光轴。在物镜光学系统中，各组成透镜的光轴必须严格重合，形成系统的主光轴。物体的投射光线经过各透镜界面的逐次折射后，最终形成成像光线。

如图 2.6 所示，AB 是物方空间一平行于主光轴的光线，经物镜各透镜界面折射后得折射光线 CD，CD 与主光轴相交于 F' 点，延长 AB 和 CD，交于点 h'，过 h' 作垂直于主光轴的主平面 Q'，发现平行于主光轴的各投射光线的折射光线，都在平面 Q' 上发生了折射现象。

当投射光线从物镜的另一侧射入时，使用与上相同的方法可以确定物镜的另一个折射面 Q。因此，不管物镜由多少片透镜组成，经过多少次折射，其综合光学效果均可等效为在主平面 Q 和 Q' 上发生的折射。基于此，在光学分析中可将主平面 Q 和 Q' 作为物镜的等效系统，作图时采用 Q 和 Q' 代表物镜实体。

主平面 Q 和 Q' 将空间分为两部分，物体所处的部分称为物方空间，影像所处的部分称为像方空间。Q 和 Q' 也相应地称为物方主平面和像方主平面。平面 Q 和 Q' 与物镜主光轴的交点 S 和 S' 相应地称为物方主点和像方主点。与主光轴斜交的各投射光线折射后交于主光轴的 F 点，称为物方焦点；由物方平行于主光轴的各投射光线折射后交于主光轴的 F' 点，称为像方焦点。S 到 F 的距离称为物方焦距，用 F 表示；S' 到 F' 的距离称为像方焦距，用 F' 表示。过像方焦点作垂直于主光轴的平面称为焦平面。

在由物点发出的入射光线和经物镜出射的成像光线中，存在一对共轭光线，其入射光线与主光轴的夹角 β 和出射光线与主光轴的夹角 β' 相等，如图 2.7 所示。这对共轭光线与主光轴的交点分别为 k 和 k'，其中点 k 称为前方节点（又称为物方节点），点 k' 称为后方节点（又称为像方节点）。

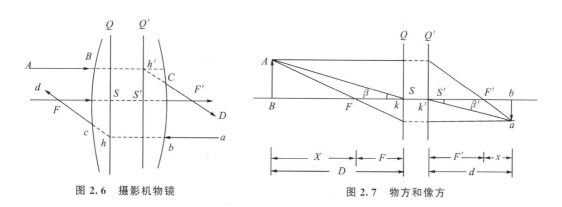

图 2.6　摄影机物镜　　　　　图 2.7　物方和像方

综上所述，一个物镜系统具有一对主点、一对焦点和一对节点。当物方空间与像方空间的介质折射率相同时，理想物镜的一对节点与一对主点重合。这时物镜的主点同时具有节点的特性，满足 $\angle \beta = \angle \beta'$，且像方焦距等于物方焦距。通过节点的共轭光线必定经过物镜主点，这类特定光线称为物点的主光线。主光线在摄影测量中有很重要的意义。若假设物镜的两个主平面重合,由于主光线满足$\angle\beta=\angle\beta'$,则其入射光线与折射光线共线。在像平面位置确定的情况下,物点在像平面上的像点坐标可以由主光线与像平面的交点来确定。

(2) 物镜的成像公式

如图 2.7 所示,物方主平面 Q 到物点 A 的距离 D,称为物距;像方主平面 Q' 到像点 a 的距离 d,称为像距。物镜的焦距为 F。由光学成像公式可知:

$$\frac{1}{D}+\frac{1}{d}=\frac{1}{F} \tag{2.1}$$

式(2.1)称为构像公式。它表示一个物点发出的所有投射光线,经理想物镜后所有对应的折射光线将会聚于同一个像点,这个像点是清晰的。若物距和像距分别取焦点 F 和 F' 为起算点,相应的物距和像距用 X 和 x 表示,则得构像公式的另一种形式:

$$X \cdot x = F^2 \tag{2.2}$$

(3) 物镜的光圈和光圈号数

实际使用的物镜都不是理想的,通过物镜边缘的投射光线会产生显著的像差和畸变,致使影像模糊和变形。为限制物镜边缘的使用,并控制和调节进入物镜的光量,通常在物镜筒中间设置一个光圈。

现有一束平行于主光轴的光线投向物镜,当在物镜前面设置一个光圈时,光圈的直径就起到限制进入物镜光束柱截面积的作用。其面积为:

$$A=\pi r^2=\frac{1}{4}\pi d^2$$

光学系统中控制光束截面积的实际孔径,称为有效孔径,以 d 表示。有效孔径 d 与物镜焦距 F 之比(d/F)称为相对孔径。相对孔径的倒数 $K=F/d$,称为光圈号数(也称为光圈系数)。所以,焦平面上影像的亮度与光圈号数的平方成反比。

曝光量 $H=Et$,其中 E 为像面照度,t 为曝光时间。如果保持光圈号数不变而改变一挡曝光时间,或者保持曝光时间不变而调整一挡光圈号数,则曝光量将改变一倍。

2) 航空摄影机简介

摄影机按使用目的可分为普通摄影机和专业摄影机两大类。

普通摄影机就是日常生活中用来拍摄生活照片或其他用途的摄影机。量测用的摄影机属专业摄影机,专业摄影机主要包括航空摄影机、地面摄影测量用的摄影经纬仪,以及近景摄影测量用的摄影机。

航空摄影机是安装在飞机、高空气球等空中飞行器上对地面进行自动连续摄影的光学仪器。它是一台结构复杂、具有精密的全自动光学系统及电子控制装置的专业设备,其所摄取的影像能满足量测和判读的要求。其结构如图 2.8 所示。

航空摄影机主要由镜箱(包括外壳和物镜筒)、暗箱、座架以及控制系统等组成,是一种专用的摄影机。用于航空摄影测量的航空摄影机的承片框处于固定不变的位置。航空摄影机物镜中心至底片面的固定距离称为摄影机主距,常用 f 表示。主距之所以固定,是因为航高很大,近似于无穷远成像条件,所以主距约等于摄影机物镜的焦距。摄影机主距固定是航空摄影机的特征之一。

除了要有较高的光学性能,航空摄影机还应具备高度自动化的摄影功能。航空摄影机上通常配置压平装置,部分型号还配备像移补偿器,用于减小像片的压平误差与摄影过程中的像移误差。

摄影机镜箱的后端设有一个经过精密研磨的金属框架,称为承片框。承片框的尺寸就是像幅的大小。航空摄影机的像幅有 18 cm×18cm 和 23cm×23cm 两种。有的航空摄影机在承片框四边的中点设有齿形的机械框标,两两相对的框标连线正交,其交点可用以确定像片主点的大概位置。有的航空摄影机在承片框的四个角上设有四个"×"形的光学框标,对角的框标连线正交,其交点也可用以确定像片主点的大概位置。新型的航空摄影机则兼有光学框标和机械框标两种框标(见图 2.9),它们与地面景物一起成像,这是航空摄影机具有的又一特征。摄影时像片上除有地面景物和框标影像外,还会同时记录水准气泡、摄影时间和像片编号等。

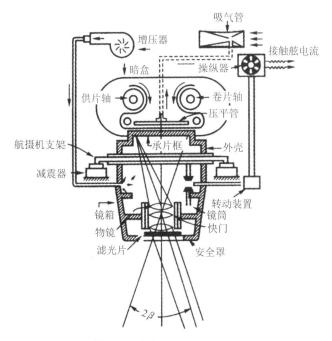

图 2.8 航空摄影机结构略图

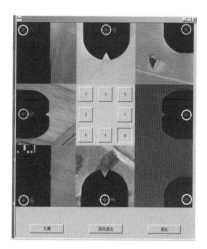

图 2.9 机械框标和光学框标

航空摄影机有多种分类方式,其中:按照摄影机的物镜数量可分为单物镜航空摄影机和多物镜航空摄影机;按物镜的焦距可分为短焦距航空摄影机、中焦距航空摄影机、长焦距航空摄影机;按照像场角大小可分为常角航空摄影机、宽角航空摄影机和特宽角航空摄影机,如表 2.1 所示。

物镜焦平面上中央成像清晰的范围称为像场,像场直径对物镜后节点的张角称为像场角 2β,如图 2.8 所示。当像幅固定时,摄影机的焦距和像场角存在确定的对应关系。在航高固定的条件下,摄影机的像场角和主距共同决定了所摄地面覆盖范围的面积:像场角越大、主距越短,摄得的范围越大,摄影的比例尺小;反之,像场角越小、主距越长,则摄得的范围越小,摄影的比例尺就越大。

表 2.1　航空摄影机的分类

像场角(2β)	焦　距	
	18cm×18cm	23cm×23cm
常角(＜75°)	长焦距(≥200mm)	长焦距(≥255mm)
宽角(75°～100°)	中焦距(80～200mm)	中焦距(102～255mm)
特宽角(＞100°)	短焦距(≤80mm)	短焦距(≤102mm)

2.1.2　摄影处理与像片的晒印

摄影处理的目的是使被摄景物的潜影显现出来并得到固定。黑白摄影处理过程一般分为四个步骤:显影、定影、水洗和干燥。

在摄影测量作业中,虽然采用负性感光材料进行曝光,但为符合人眼视觉特性并便于立体观测和量测,一般采用正片进行作业。

晒印正片的方法有两种:接触晒印法、投影晒印法。

2.1.3　航空摄影的基本条件和基本要求

2-2航空摄影及基本要求

1. 航空摄影的基本条件

航空摄影是将航空摄影机安装在航摄飞机上,在预定航高对地面目标进行垂直或倾斜摄影,从而获取航空影像的过程。航空摄影实施飞行过程示意图如图 2.10 所示。

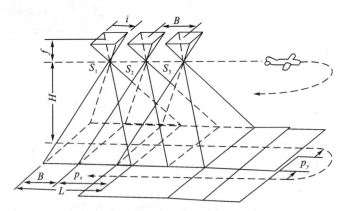

图 2.10　航空摄影实施飞行过程示意图

航摄飞机需具备以下性能要求:飞行稳定性好、能保持恒定航高、航线直线性好、飞行速度适宜、续航时间长。

以测绘地形图为目的的航空摄影主要采用竖直摄影方式。其技术要求包括:

① 曝光瞬间航摄仪物镜主光轴应垂直于地面平面;

② 像片倾角应严格控制在 $2°\sim3°$ 范围内；

③ 航向重叠度保持在 $60\%\sim65\%$；

④ 旁向重叠度保持在 $25\%\sim30\%$。

2. 航空摄影的基本要求

航空摄影的成果是摄影测量的基本原始资料，因此，摄影测量对航空摄影提出一些基本要求。

（1）航摄像片倾角

摄影机在进行航空摄影时，摄影机物镜的主光轴偏离铅垂线的夹角 α 称为航摄像片倾角，如图 2.11 所示。航空摄影规范要求航摄像片倾角应控制在 $3°$ 以内，这种摄影方式称为垂直摄影（或近似垂直摄影）。在地形测量中，一般只用垂直摄影获取的像片进行作业。

（2）摄影航高

摄影比例尺的变换有一定的限制范围：

$$\pm\frac{\Delta m}{m}=\pm\frac{\Delta H}{H} \tag{2.3}$$

式中：m 为像片比例尺分母，H 为摄影航高。

按照摄影测量规范要求，像片比例尺分母的相对误差（即式（2.3）的左边表达式）一般不应超过 5%。因此，航空摄影时飞行航高 H 的变化量 ΔH（航高差）应满足 $\Delta H\leqslant5\%H$。另外，测量规范还规定，同一航带内最大航高与最小航高之差不得超过 30m，摄影区域内实际航高与设计航高之差不得超过 50m。

根据所选取的基准面不同，航高可分为相对航高和绝对航高。相对航高是指摄影机物镜相对于某一基准面的高度，常称为摄影航高。摄影航高可通过 $H=m\times f$ 计算得到，如图 2.12 所示。

绝对航高是指摄影机物镜相对于平均海平面的航高，就是摄影机物镜在摄影瞬间的实际海拔高度。绝对航高由 $H_绝=H+H_地$ 计算得到。

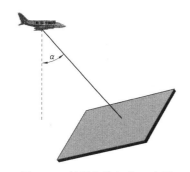

图 2.11　航摄像片倾角示意图

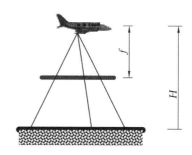

图 2.12　相对航高示意图

（3）像片重叠度

根据立体测图及航线间接边的要求，航空摄影时需保证相邻像片间有一定的重叠度，如图 2.13 所示。同一航线上相邻像片之间的影像重叠，称为航向重叠；其重叠部分长度与像幅长度之比用百分比表示，称为航向重叠度。相邻航带像片之间也要有一定的影像重叠。相邻航带之间的影像重叠称为旁向重叠,其重叠部分长度与像幅宽度之比以百分比表示,称为旁向重叠度。

$$航向重叠度=P_x/l_x\times100\%$$
$$旁向重叠度=P_y/l_y\times100\%$$

(2.4)

式中:l_x,l_y表示像幅的边长;P_x,P_y表示航向重叠和旁向重叠影像部分的边长。

航空摄影测量规范要求航向重叠度在60%以上,旁向重叠度在30%以上。

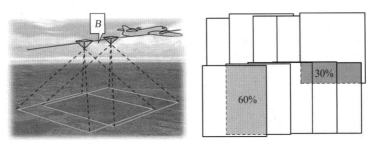

图2.13　像片重叠度

（4）航带弯曲

在航空摄影测量中,将一条航线的航摄像片根据地物影像叠拼起来,各像片的主点连线并非直线,而是呈现为不规则的折线,这种现象称为航带弯曲,如图2.14(a)所示。其成因主要是飞机在空中摄影过程中受气流等因素的影响,实际飞行轨迹偏离设计的直线航线,使航线发生弯曲。航线在地面的投影称为航迹。实际航线与设计航线之间的夹角称为航迹角。

航带弯曲度R是指航带两端像片主点连线的长度L与偏离该直线最远的像主点到该直线垂距δ的比,一般采用百分数表示:

$$R=\frac{\delta}{L}\times100\%$$

(2.5)

航带弯曲与航迹角的大小将影响像片的旁向重叠度(过大或过小),严重时甚至需要补摄整条或半条航线,这将给航测作业带来麻烦。因此,摄影测量规范明确规定航带弯曲度不得超过3%。

（5）像片旋偏角

在航空摄影测量中,相邻两像片主点连线与像幅沿航带方向的两框标连线之间的夹角称为像片旋偏角,如图2.14(b)所示。

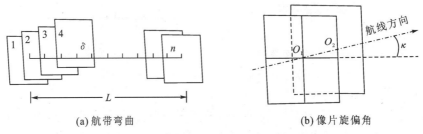

(a) 航带弯曲　　　　　　　　(b) 像片旋偏角

图2.14　航带弯曲与像片旋偏角示意图

旋偏角过大会产生以下影响:减小立体像对的有效作业范围;当采用框标连线进行定向时,会显著降低立体观测效果。因此,摄影测量规范对旋偏角有严格要求:一般情况下不得超过 6°,个别最大不得超过 8°,而且不能连续三张像片出现超过 6°的旋偏情况。

(6)摄影比例尺

如图 2.15 所示,当像片严格水平、地面完全平坦时,按照相似三角形理论,摄影比例尺可表示为像片上线段长度 l 和地面上相应距离 L 之比,即:

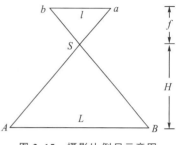

图 2.15 摄影比例尺示意图

$$\frac{1}{m} = \frac{l}{L} = \frac{f}{H} \quad\quad (2.6)$$

式中:f 为摄影机主距;H 为相对于平均高程面的航摄高度,称为航高。

当像片有倾斜或地面有起伏时,像片上各处的摄影比例尺将不再相等,此时式(2.6)可以看作整张像片的近似摄影比例尺。

摄影比例尺越大,影像地面分辨率越高,越有利于地物判读和解译,越能提高成图的精度。但摄影比例尺过大,则会增加摄影费用及处理工作量。因此,摄影比例尺的选取要综合考虑成图比例尺要求、内业成图方法和成图精度指标等因素。

摄影比例尺与成图比例尺之间的关系如表 2.2 所示。

表 2.2 摄影比例尺与成图比例尺之间的关系

比例尺类别	摄影比例尺	成图比例尺
大比例尺	1∶2000～1∶3000	1∶500
	1∶4000～1∶6000	1∶1000
中比例尺	1∶15000～1∶20000	1∶10000
	1∶25000～1∶35000	
小比例尺	1∶35000～1∶55000	1∶50000

3. 影像质量的评定

在航空摄影测量中,影像质量的评定需要根据影像类型从不同方面进行。

(1)传统胶片影像质量的评定

对于传统胶片影像,主要从以下几个方面判断其质量:

① 负片上影像是否清晰,框标影像是否完整,像幅边缘各类指示器件的影像是否清晰可辨。

② 太阳高度角造成的地物阴影长度是否符合规范要求,地物阴暗和明亮部分的细部能否辨识。

③ 负片上是否存在云影、划痕、折痕和乳剂脱落等现象。

④ 负片黑度是否符合要求,影像反差是否超限。

⑤ 航带的直线性、平行性、重叠度、航高差、摄影比例尺等是否超出规定的技术规范要求。

（2）数字影像质量的评定

数字影像质量评定的标准主要包括以下几个方面：

① 影像应清晰，层次丰富，反差适中，色调柔和；应能辨认出与地面分辨率相匹配的地物细节，能够建立清晰的立体模型。

② 影像上不应有云层、云影、烟雾、大面积反光、污点等缺陷，允许存在少量不影响立体测图的轻微缺陷。

③ 因飞行速度造成的像点位移最好控制在 1 像素以内，最大不得超过 3.5 像素。

④ 影像拼接处应无明显模糊、重影和错位现象。

2-3 航空摄影的实施过程

2.1.4 航空摄影实施的过程

航空摄影任务实施过程一般包括任务委托、合同签订、航摄技术计划制订、航摄申请与审批、空中摄影实施、摄影处理、资料检查验收等环节。在实施空中摄影前，任务承担单位应根据项目要求，收集相关资料并准备设备，依据现行航空摄影技术设计规范及待测图相应比例尺地形图的航空摄影规范，编制技术设计书，制订航摄任务计划。为满足地形图测绘以及地面信息获取的需求，空中摄影要按航摄计划进行，确保实现完整的立体覆盖并保证航摄影像质量。航空摄影作业通常利用机载导航系统来控制航线飞行、航线间距及影像曝光间隔等。

1. 航空摄影任务委托书的主要内容

① 依据计划测图的范围和图幅数量，划定需航摄的区域范围，按经纬度或图幅编号在规划图上标注航摄的区域范围，或直接标注在小比例尺的地形图上。

② 明确指定摄影比例尺要求。

③ 根据测区地形和测图仪器，提出航摄仪类型、主距参数、像幅规格等。

④ 明确航向重叠度和旁向重叠度的要求。

⑤ 规定提交成果的内容、方式和期限，航摄成果包括航摄原始底片、航摄影像（按合同约定的份数）、影像索引图、航摄软件变形测定成果、航摄仪鉴定表、航摄影像质量鉴定表等。

2. 航摄技术计划的主要内容

① 收集航摄地区已有的地形图、控制测量成果、气象数据等有关资料。

② 根据成图比例尺确定设计用图比例尺（成图比例尺及设计用图比例尺关系如表 2.3 所示）、摄影比例尺或影像分辨率，选择合适的航摄仪。从飞机上摄影，摄影对象是动态景物，因此要求快门曝光时间内产生的像点位移不得超过允许限值。为了适应不同航高和飞行速度，航摄仪的快门应具有较宽的曝光时间变化范围（7/1000～7/100s），同时快门的光效系数应达到 80% 以上。

表 2.3 成图比例尺及设计用图比例尺关系

成图比例尺	设计用图比例尺
1∶1000	1∶1 万或 1∶1 万 DEM
>1∶1 万	1∶2.5 万~1∶5 万
>1∶10 万	1∶10 万~1∶25 万

③ 划分航摄分区。航摄分区划分时,要根据以下原则进行:

a. 分区界线应与图廓线保持一致。

b. 分区内的地形高差一般不能超过 1/4 相对航高;当摄影比例尺大于或等于 1∶7000时,一般不能超过 1/6 相对航高。

c. 分区内的地物反差、地貌类型应尽量保持一致。

d. 根据成图比例尺确定分区最小跨度,在地形高差允许的情况下,航摄分区的跨度应尽量大。分区划分还应考虑用户提出的加密方法和布点方案等要求。

e. 当地面高差突变、地形特征显著不同时,在用户认可的情况下,可以破图幅划分航摄分区。

f. 划分航摄分区时,应考虑航摄飞机侧前方安全距离和安全高度。

g. 采用 GNSS 辅助空中三角摄影测量,除遵守上述规定外,还应确保航摄分区界线与加密分区界线一致,或使一个航摄分区包含多个完整的加密分区。

④ 确定航线方向和敷设航线。根据以下原则进行:

a. 航线应按东西方向直线敷设。在特定条件下,可沿地形走向采用南北方向敷设,或沿道路、河流、海岸、境界等任意方向敷设。

b. 采用常规方法敷设航线时,航线方向应与图廓线平行。位于摄区边缘的首末航线应设计在摄区边界线或边界线外侧。

c. 对水域、海区进行航摄时,航线敷设应避免像主点落水,并确保所有岛屿能被完整覆盖且能构成立体像对。

d. 在荒漠、高山等隐蔽地区和测图控制作业特别困难的区域,可以敷设构架航线。构架航线应根据测图控制点布设的要求设置。

e. 根据合同要求航线按图幅中心线或相邻两排图幅的公共图廓线敷设时,应计算摄区最高点对边界图廓的影像覆盖情况和与相邻航线重叠度的满足情况。当出现不能满足的情况时,应调整摄影比例尺。

⑤ 计算航摄所需的飞行数据和摄影数据(主要是绝对航高、摄影航高、影像重叠度、航摄基线、航线间距、航摄分区的航线数、曝光时间间隔和影像数量等)。

⑥ 编制领航图。

⑦ 确定航摄的时间。

航空摄影应选择摄区最佳气象窗口期,并尽可能地避免或减少地表植被和其他覆盖物(如积雪、洪水、沙尘等)对摄影和测图的不利影响,确保航摄影像能够真实地显现地面细部。在合同约定的航摄作业期限内,应综合考虑下列主要因素,选择最佳航摄季节:

a. 摄区晴天日数较多。

b. 大气透明度好。

c. 光照充足。

d. 地表植被及其覆盖物（如洪水、积雪等）对摄影和成图的影响较小。

e. 在北方地区进行彩红外摄影和真彩色摄影时，一般避开冬季。

航摄具体时间的选择要注意以下几点：

a. 既要有充足的光照，又要避免产生过大的阴影，一般按表2.4执行。对高差特大的陡峭山区或高层建筑物密集的大城市，应进行专门的航摄设计。

表2.4 航摄时间选择与太阳高度角的关系

地形类别	太阳高度角	阴影倍数
平地	≥22°	≤3
丘陵地/小城镇	≥30°	≤2
山地/中等城市	≥45°	≤1
高差特大的陡峭山区/高层建筑物密集的大城市	限在当地正午前后各1小时进行摄影	≤1

b. 沙漠、戈壁滩等地面反光强烈的地区，一般在当地正午前后各2小时内不应实施摄影。

c. 彩红外摄影与真彩色摄影应在4550～6800K色温范围内进行；雨后植被表面存在未蒸发水滴时不应进行彩红外摄影。

2.1.5 技能训练

依据项目要求，对××湖开展影像获取工作。本项目采用GNSS辅助航空摄影技术，采用纵横CW007无人机搭载的CA100相机获取数字影像，利用航天远景HAT软件进行空三加密，在此基础上生成密集的DSM（数字表面模型），通过处理DSM上的点获取数字高程模型（DEM）数据。然后利用DEM对影像进行正射纠正及镶嵌，生成数字正射影像（DOM）。导入加密成果，通过全数字摄影测量系统辅以野外调绘，采集地物信息，在南方CASS软件环境下，进行矢量数据的编辑和整饰，最终形成数字线划图（DLG）成果。

航空摄影测量作业流程如图2.16所示。

航摄飞行时天气状况为晴天，采用轻型复合翼无人机搭载数码单反相机获取数字影像。由于整个航摄区域连贯，因此只分为一个区域，总飞行有效规划架次为8架次。

航空摄影质量控制参数：

① 航摄地面分辨率6～8cm；

② 像片航向重叠度70%，旁向重叠度60%；

③ 像片倾角5°以内；

④ 像片旋偏角10°以内；

⑤ 航向覆盖范围超过航摄规划区域边界范围大于2条基线，旁向覆盖范围超出航摄规划区域边界线1～2个航带。

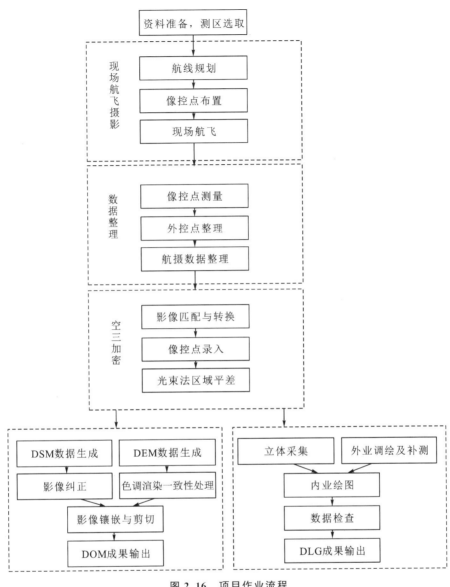

图 2.16　项目作业流程

任务 2.2　单张航摄像片解析

2.2.1　中心投影及航摄像片上特殊的点、线、面

1. 中心投影的基本知识

（1）中心投影和正射投影

用一组假想的直线将物体向几何面投射称为投影。其投影线称为投影射线。投影的几何

2-4 正射投影与中心投影

面通常取平面,称为投影平面。在投影平面上得到的图形称为该物体在投影平面上的投影。

投影有中心投影与平行投影两种,而平行投影又有斜投影与正射投影之分。

投影射线会聚于一点的投影,称为中心投影。图 2.17 中(a)、(b)、(c)三种情况均属中心投影。投影射线的会聚点 S 称为投影中心。

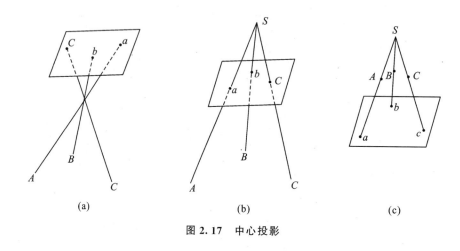

图 2.17　中心投影

当诸投影射线都平行于某一固定方向时,这种投影称为平行投影。平行投影中,投影射线与投影平面成斜交的投影称为斜投影;投影射线与投影平面成正交的投影称为正射投影。图 2.18 所示均为平行投影。

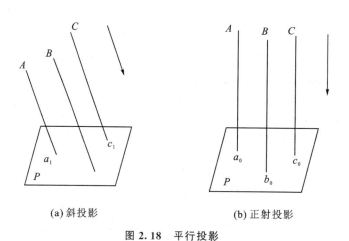

图 2.18　平行投影

（2）航摄像片是摄区地面的中心投影

如图 2.19 所示,此时的物方主点相当于投影中心,像片平面是投影平面,像片平面上的影像就是摄区地面点的中心投影。

摄影测量的主要任务之一,是将基于中心投影获取的航摄像片(具有摄影比例尺),转换为符合正射投影要求并按成图比例尺表达的地形图。

（3）中心投影的正片位置和负片位置

中心投影有两种状态：正片和负片。不论像片是处在正片位置还是负片位置，像点与物点之间的几何关系都没有改变，数学表达式也是一样的。因此，无论是在仪器的设计方面，还是在讨论像点与物点的几何关系时，均可根据实际需要灵活采用正片位置或负片位置，如图2.20所示。

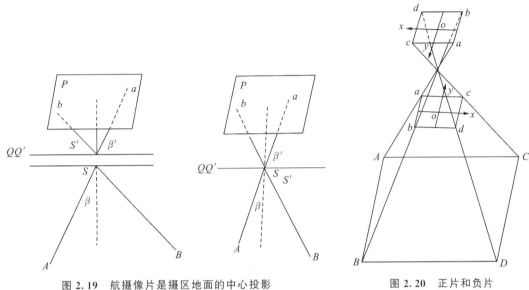

图2.19　航摄像片是摄区地面的中心投影　　　　图2.20　正片和负片

2-5 航摄像片上的点、线、面及特性

2. 航摄像片上特殊的点、线、面

航摄像片是地面景物的摄影构像，这种影像是由地面上各点发出的光线通过航空摄影机物镜投射到底片感光层上形成的，这些光线会聚于物镜中心 S，称为摄影中心。这样所得到的影像属于中心投影，因此航摄像片是所摄地面景物的中心投影。已感光的底片经摄影处理后，得到的是负片，利用负片接触晒印在相纸上，得到的是正片，通常将负片和正片统称为像片。

在目前的技术条件下，理想水平像片还不可能获得，航摄像片一般是含有一定倾斜角的像片。倾斜像片上的某些点、线、面具有一定的特性，它们对于研究航摄像片的数学性质和确定航摄像片的空间位置等，具有特别意义。下面以图形来说明这些特殊的点、线、面。

如图2.21所示，P 为像片平面（像片面），S 是投影中心，E 为水平地面（地平面），o 是像主点，O 为地主点。SoO 是摄影机轴，也就是摄影方向。摄影方向与铅垂射线 SnN 之间的夹角 α 称为航摄像片的倾角。铅垂射线与像片面的交点 n 称为像底点；其在地面上的透视对应点 N 称为地底点。倾角 α 的平分线与像片面的交点 c，称为等角点；其在地面上的透视对应点以 C 表示。

包含摄影机主轴 SoO 的铅垂面 W，称为主垂面。主垂面与像片面、地平面相垂直。主垂面与像片面的交线 vv 称为主纵线。像主点、像底点和等角点都位于主纵线上。主垂面与地平面的交线 VV 称为基本方向线。

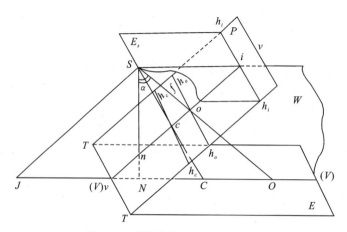

图 2.21 航摄像片上特殊点、线、面

像片面与地平面的交线 TT 称为透视轴。透视轴上的点既是物点,又是像点,称为二重点。

在像片上与主纵线正交的直线统称为像水平线。通过像主点的水平线 $h_o h_o$ 称为主横线;通过等角点的水平线 $h_c h_c$ 称为等比线。这些水平线与透视轴是平行的。

通过投影中心作平行于地平面的平面 E_s,该平面称为像地平面或合面。合面与像平面的交线 $h_i h_i$ 称为像地平线,也称合线。合线与主纵线的交点 i 称为主合点。主合线上的其他点通称合点。

3. 特殊点、线之间的几何关系

参照图 2.22,可求得像底点 n、等角点 c 和主合点 i 到像主点的距离为:

$$\begin{cases} on = f\tan\alpha \\ oc = f\tan\dfrac{\alpha}{2} \\ oi = f\cot\alpha \end{cases} \tag{2.7}$$

所以 $\triangle Sic$ 是等腰三角形,则有:

$$Si = ci = f/\sin\alpha$$

同样,在物面上有:

$$\begin{cases} ON = H\tan\alpha \\ CN = H\tan\dfrac{\alpha}{2} \\ SJ = iV = H/\sin\alpha \end{cases} \tag{2.8}$$

等角点具有以下特性:当地面为水平时,如图 2.22 所示,取等角点 c 和 C 为辐射中心,在像平面和地面上向任意一对透视对应点所引绘的方向,与相应的对应起始线之间的夹角是相等的,在图中为 $\angle ici_k = \angle iSi_k = \angle VCK = \angle A$。

如图 2.23 所示,底点具有以下特性:诸铅垂线在像平面上的构像 aa_0,bb_0,…应位于以点

n 为辐射中心的相应辐射线上。

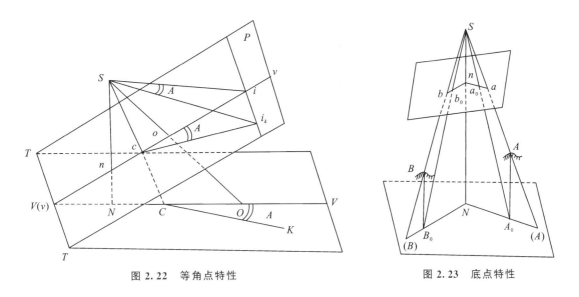

图 2.22 等角点特性   图 2.23 底点特性

如图 2.24 所示,等比线具有以下特性:等比线既在航摄像片 P 上,又在理想的水平像片 P^0 上,所以等比线的构像比例尺等于水平像片的摄影比例尺 f/H,不受像片倾斜的影响。

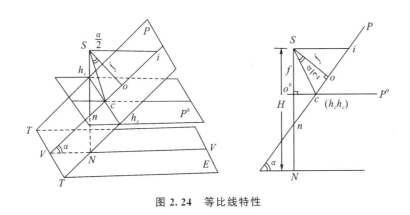

图 2.24 等比线特性

2-6 摄影测量常用的坐标系

2.2.2 摄影测量常用的坐标系

1. 像方空间坐标系

像方空间坐标系包含像平面直角坐标系和像空间直角坐标系。像平面直角坐标系用来确定像点在像片上的位置。像空间直角坐标系是为了便于空间坐标的变换建立的描述像点在像空间位置的坐标系。

1) 像平面直角坐标系

像平面直角坐标系用以表示像点在像平面上的位置,通常采用右手坐标系,x,y 轴的选择按需要而定。

(1) 框标坐标系

在解析摄影测量和数字摄影测量中,常根据框标来确定像平面直角坐标系,该坐标系称为框标坐标系。如图 2.25(a)所示,以像片上对边框标的连线作为 x 轴和 y 轴,其交点 P 作为坐标系的原点,与航线方向相近的连线为 x 轴。若框标位于像片的 4 个角上,则以对角框标连线夹角的平分线确定 x 轴和 y 轴,交点为坐标原点,如图 2.25(b)所示。

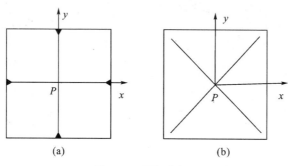

图 2.25　框标坐标系

(2) 辅助点直角坐标系

当框标标志难以精确判准时,沿航线方向在框标附近找一明显点,该点称为辅助点。用辅助点与框标连线交点 P 的连线作为 x 轴,以航线方向为正方向,过原点 P 垂直于 x 轴的直线作为 y 轴,正方向按右手定则确定,如图 2.26 所示。

(3) 像平面直角坐标系

在摄影测量解析计算中,像点的坐标应采用以像主点为原点的像平面直角坐标系中的坐标。当像主点与框标连线交点不重合时,需将框标坐标系平移至像主点,并使像平面直角坐标系的 x,y 轴分别平行于框标坐标系的对应坐标轴,如图 2.27 所示。

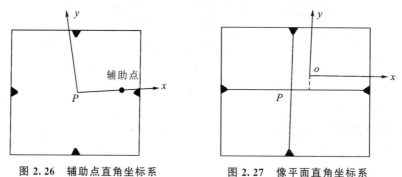

图 2.26　辅助点直角坐标系　　　　图 2.27　像平面直角坐标系

2) 像空间直角坐标系

为了描述像点在空间的位置,需将像平面直角坐标系转换成像空间直角坐标系。取投影中心 S 作为像空间直角坐标系 $S\text{-}xyz$ 的坐标原点,z 轴与摄影方向 So 重合,朝上为 z 轴的正方向,x 轴和 y 轴分别平行于像平面坐标的相应轴,方向一致。如图 2.28 所示,轴系的正方向仍按右手定则确定。在这个坐标系中,每个像点的 z 坐标都等于 $-f$,而 x 和 y 坐标也就是像点的像平面坐标,因此,像点的像空间坐标表示为$(x,y,-f)$。像空间直角坐标系是随着像片的空间位置而定的,所以每张像片的像空间直角坐标系是各自独立的。

3) 像空间辅助坐标系(S-XYZ)

像点的像空间坐标直接以像平面坐标求得,但这种坐标的特点是每张像片的像空间直角坐标系不统一,这给计算带来了困难。为此,需要建立一种相对统一的坐标系,称为像空间辅助坐标系,用S-XYZ表示。此坐标系的原点仍以摄影站点(或投影中心)S为坐标原点,坐标轴可根据需要选定,一般以铅垂方向(或设定的某一竖直方向)为Z轴,航线方向为X轴,如图2.29所示。

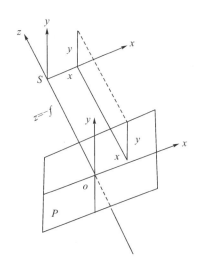

图2.28 像空间直角坐标系

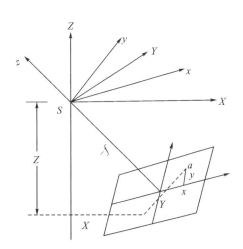

图2.29 像空间辅助坐标系

2. 物方空间坐标系

物方空间坐标系用于描述地面点在物方空间的位置,包括三种坐标系,即摄影测量坐标系、地面测量坐标系和地面摄影测量坐标系,如图2.30所示。

1) 摄影测量坐标系$(O_1\text{-}X_pY_pZ_p)$

摄影测量坐标系是物空间选定的一种符合右手定则的空间直角坐标系,是航带网中一种统一的坐标系,用以表示诸模型点在构成航带网后的统一坐标。其坐标轴通常分别与第一张像片(或第一个像对)的像空间辅助坐标系的各坐标轴平行。

2) 地面测量坐标系$(t\text{-}X_tY_tZ_t)$

地面测量坐标系通常指地图投影坐标

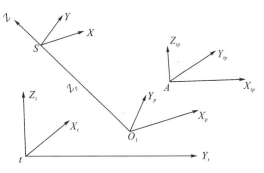

图2.30 物方空间坐标系

系,也就是国家测图所用的高斯-克吕格投影的平面直角坐标系和高程系,两者组成的空间直角坐标系是左手系,用$t\text{-}X_tY_tZ_t$表示。

3）地面摄影测量坐标系（$A\text{-}X_{tp}Y_{tp}Z_{tp}$）

地面摄影测量坐标系是摄影测量坐标系与地面测量坐标系相互转换的过渡性坐标系，是右手系。原点通常选在地面某一控制点；Z_{tp} 轴为过该点的铅垂线，向上为正，和地面测量坐标系的 Z_t 轴平行；X_{tp} 轴与航线方向一致。

2.2.3 航摄像片的内方位元素和外方位元素

为了根据像点解求地面点的空间位置，必须确定航摄像片在摄影瞬间的空间位置，这就是我们所需要研究的航摄像片的防伪元素。

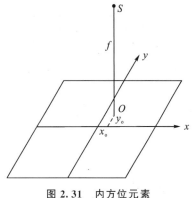

图 2.31　内方位元素

1. 内方位元素

确定物镜中心与像平面间相对位置所需要的数据，称为像片的内方位元素，包括三个参数，即航摄机主距 f 及像主点 o 在框标坐标系中的 x_o、y_o（通常像主点与框标连线的交点重合），如图 2.31 所示。

内方位元素是已知的，可以由摄影机制造厂家进行鉴定得到，其数据可在航摄机鉴定表中查出。在航空摄影测量中，恢复内方位元素可以确定摄影光束的形状。

2. 外方位元素

在已知内方位元素的情况下，确定投影中心与航片在摄影瞬间的空间位置所需要的数据，称为像片的外方位元素。外方位元素有六个参数，包括投影中心 S 在地面坐标系中的三个坐标值 X_S、Y_S、Z_S（这三个线元素可以决定 S 的空间位置）和三个角元素（用来表达像片面的空间姿态）。在航空摄影测量中，恢复外方位元素可以确定摄影光束的空间方位。

外方位的三个角元素是摄影机主光轴从起始的铅垂方向绕空间坐标轴按某种次序连续三次旋转形成的。先绕第一轴（也称主轴）旋转一个角度，其余两轴的空间方位随之变化；再绕变动后的第二轴（也称副轴）旋转一个角度，两次旋转的结果达到恢复摄影机主光轴的空间方位；最后绕经过两次变动后的第三轴（即主光轴）旋转一个角度，即像片在其自身平面内绕像主点旋转一个角度。根据讨论问题和仪器设计的需要，像片外方位角元素通常有以下三种表达方式。

1）以 Y 轴为主轴的 φ、ω、κ 转角系统

如图 2.32 所示，以 Y 轴为主轴的 φ、ω、κ 转角系统是以投影中心 S 为原点建立的像方空间辅助坐标系 $S\text{-}XYZ$，它与物方空间右手直角坐标系 $A\text{-}XYZ$ 平行。该系统中三个外方位角元素的定义如下：

航向倾角 φ：主光轴 SO 在 XZ 平面上的投影，与 Z 坐标轴之间的夹角；该角也可以理解为主光轴 SO 绕 Y 轴旋转形成的角度。

旁向倾角 ω：主光轴 SO 与其在 XZ 平面上的投影间的夹角；该角也可以理解为主光轴旋转 φ 角后绕 X 轴旋转形成的角度。

像片旋角 κ：主光轴 SO 与 Y 坐标轴组成的平面与像片平面的交线与像平面直角坐标系 y 轴的夹角。

在 φ、ω、κ 转角系统中,φ、ω 两个角度确定了主光轴 SO 的方向,而 κ 角则确定了像片在像平面内的方位。

2) 以 X 轴为主轴的 ω'、φ'、κ' 转角系统

如图 2.33 所示,以 X 轴为主轴的 ω'、φ'、κ' 转角系统中三个外方位角元素的定义如下:

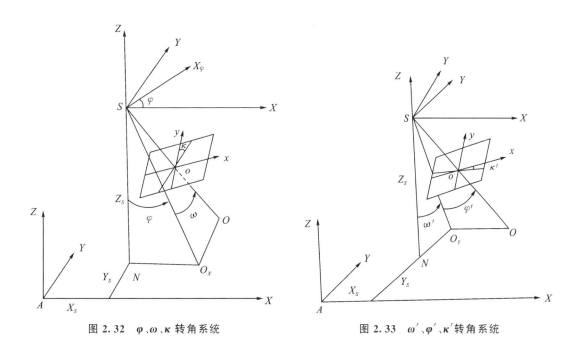

图 2.32　φ、ω、κ 转角系统　　　　　图 2.33　ω'、φ'、κ' 转角系统

旁向倾角 ω':主光轴 SO 在 YZ 平面上的投影,与 Z 轴之间的夹角。

航向倾角 φ':摄影方向 SO 与其在 YZ 坐标面上的投影之间的夹角。

像片旋角 κ':主光轴 SO 与 X 组成的平面与像平面直角坐标系的 x 轴之间的夹角。

在 ω'、φ'、κ' 转角系统中,ω'、φ' 两个角度确定了摄影机轴在摄影瞬间的空间方位,而 κ' 角则确定了像片在像平面内的方位。

3) 以 Z 轴为主轴的 A、α、κ 转角系统

以 Z 轴为主轴的 A、α、κ 转角系统中三个外方位角元素的定义如下:

主垂面方位角 A:基本方向线与物方 Y 轴正方向的夹角。

像片倾角 α 主垂面内摄影方向与主垂线方向之间的夹角。

像片旋角 κ 主垂面与像平面的交线(即主纵线)与像平面直角坐标系 y 轴的夹角。

A、α、κ 转角系统通常在单张像片作业中使用,其中 α 是小角度,其余两角在 $0°\sim360°$ 之间。

2.2.4　空间直角坐标变换

1. 像点的空间坐标变换

用像点坐标解求相应地面点坐标时,需将各种情况下量测的像点坐标转换到像平面直角

2-8 坐标系
转换

坐标系中,在此基础上,再将像点的像平面坐标转换为统一的像空间辅助坐标,这就涉及各种坐标系之间的坐标转换。

1) 像点的平面坐标变换

图 2.34 所示为原点相同而轴向不一致的像平面坐标系之间的变换。

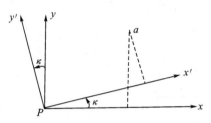

图 2.34　原点相同的平面坐标变换

像点的平面坐标变换关系可表示为:

$$\boldsymbol{A} = \begin{bmatrix} \cos\kappa & -\sin\kappa \\ \sin\kappa & \cos\kappa \end{bmatrix} \tag{2.9}$$

$$\begin{bmatrix} x \\ y \end{bmatrix} = \boldsymbol{A} \begin{bmatrix} x' \\ y' \end{bmatrix} \qquad \begin{bmatrix} x' \\ y' \end{bmatrix} = \boldsymbol{A}^{-1} \begin{bmatrix} x \\ y \end{bmatrix} \tag{2.10}$$

图 2.35 所示为坐标原点不同时的像平面坐标系之间的变换

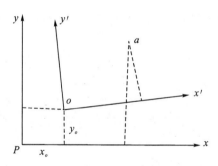

图 2.35　原点不同的平面坐标变换

像点的平面坐标变换关系可表示为:

$$\begin{bmatrix} x \\ y \end{bmatrix} = \boldsymbol{A} \begin{bmatrix} x' \\ y' \end{bmatrix} + \begin{bmatrix} x_o \\ y_o \end{bmatrix} \tag{2.11}$$

$$\begin{bmatrix} x' \\ y' \end{bmatrix} = \boldsymbol{A}^{-1} \begin{bmatrix} x \\ y \end{bmatrix} - \begin{bmatrix} x_o \\ y_o \end{bmatrix} \tag{2.12}$$

其中: x_o, y_o 为原点 o 在坐标系 $P\text{-}xy$ 中的坐标值,即坐标原点的平移量。

2) 像点的空间坐标变换

在取得像点的像平面坐标后,加上 $z = -f$ 即可得到像点的像空间直角坐标。像点的空间坐标变换,通常是将像点的像空间直角坐标 $(x, y, -f)$ 变换为像空间辅助坐标 (X, Y, Z)。这是同一个像点在原点相同的两个空间直角坐标系中的坐标变换。

像点的空间坐标变换关系可表示为：

$$\begin{bmatrix} X \\ Y \\ Z \end{bmatrix} = \boldsymbol{R} \begin{bmatrix} x \\ y \\ -f \end{bmatrix} \tag{2.13}$$

式中：

$$\boldsymbol{R} = \begin{bmatrix} a_1 & a_2 & a_3 \\ b_1 & b_2 & b_3 \\ c_1 & c_2 & c_3 \end{bmatrix} = \begin{bmatrix} \cos\widehat{X}x & \cos\widehat{X}y & \cos\widehat{X}z \\ \cos\widehat{Y}x & \cos\widehat{Y}y & \cos\widehat{Y}z \\ \cos\widehat{Z}x & \cos\widehat{Z}y & \cos\widehat{Z}z \end{bmatrix} \tag{2.14}$$

2. 确定方向余弦

因为从一个空间直角坐标系旋至另一空间直角坐标系可以分别采用不同的主轴系统，所以九个方向余弦值亦可表达为不同转角系统角元素的函数。

1）以 Y 轴为主轴的 φ、ω、κ 系统的坐标变换

可把两空间直角坐标系的坐标变换分解成三次平面坐标变换，从而利用平面坐标变换公式，完成空间坐标变换。

$$\begin{bmatrix} X \\ Y \\ Z \end{bmatrix} = \boldsymbol{R}_\varphi \boldsymbol{R}_\omega \boldsymbol{R}_\kappa \begin{bmatrix} x \\ y \\ -f \end{bmatrix} = \boldsymbol{R} \begin{bmatrix} x \\ y \\ -f \end{bmatrix} \tag{2.15}$$

式中：

$$\boldsymbol{R} = \boldsymbol{R}_\varphi \boldsymbol{R}_\omega \boldsymbol{R}_\kappa = \begin{bmatrix} \cos\varphi & 0 & -\sin\varphi \\ 0 & 1 & 0 \\ \sin\varphi & 0 & -\cos\varphi \end{bmatrix} \cdot \begin{bmatrix} 1 & 1 & 0 \\ 0 & \cos\omega & -\sin\omega \\ 0 & \sin\omega & \cos\omega \end{bmatrix} \cdot \begin{bmatrix} \cos\kappa & -\sin\kappa & 0 \\ \sin\kappa & \cos\kappa & 0 \\ 0 & 0 & 1 \end{bmatrix}$$

$$= \begin{bmatrix} a_1 & a_2 & a_3 \\ b_1 & b_2 & b_3 \\ c_1 & c_2 & c_3 \end{bmatrix} \tag{2.16}$$

把矩阵相乘后可得：

$$a_1 = \cos\varphi\cos\kappa - \sin\varphi\sin\omega\sin\kappa$$

$$a_2 = -\cos\varphi\sin\kappa - \sin\varphi\sin\omega\cos\kappa$$

$$a_3 = -\sin\varphi\cos\omega$$

$$b_1 = \cos\omega\sin\kappa$$

$$b_2 = \cos\omega\cos\kappa$$

$$b_3 = -\sin\omega$$

$$c_1 = \sin\varphi\cos\kappa + \cos\varphi\sin\omega\sin\kappa$$

$$c_2 = -\sin\varphi\sin\kappa + \cos\varphi\sin\omega\sin\kappa$$

$$c_3 = \cos\varphi\cos\omega$$

2）以 X 轴为主轴的 ω'、φ'、κ' 系统的坐标变换

按上述方法可知，ω'、φ'、κ' 系统的像空间坐标与像空间辅助坐标间的坐标变换关系式为：

$$\begin{bmatrix} X \\ Y \\ Z \end{bmatrix} = \boldsymbol{R}_{\omega'} \boldsymbol{R}_{\varphi'} \boldsymbol{R}_{\kappa'} \begin{bmatrix} x \\ y \\ -f \end{bmatrix} = \boldsymbol{R} \begin{bmatrix} x \\ y \\ z \end{bmatrix} \tag{2.17}$$

式中：

$$\boldsymbol{R} = \boldsymbol{R}_{\omega'}\boldsymbol{R}_{\varphi'}\boldsymbol{R}_{\kappa'} = \begin{bmatrix} 1 & 0 & 0 \\ 0 & \cos\omega' & -\sin\omega' \\ 0 & \sin\omega' & \cos\omega' \end{bmatrix} \cdot \begin{bmatrix} \cos\varphi' & 0 & -\sin\varphi' \\ 0 & 1 & 0 \\ \sin\varphi' & 0 & \cos\varphi' \end{bmatrix} \cdot \begin{bmatrix} \cos\kappa' & -\sin\kappa' & 0 \\ \sin\kappa' & \cos\kappa' & 0 \\ 0 & 0 & 1 \end{bmatrix}$$

$$= \begin{bmatrix} a_1 & a_2 & a_3 \\ b_1 & b_2 & b_3 \\ c_1 & c_2 & c_3 \end{bmatrix} \qquad\qquad (2.18)$$

其中：

$$a_1 = \cos\varphi' \cos\kappa'$$

$$a_2 = -\cos\varphi' \sin\kappa'$$

$$a_3 = -\sin\varphi'$$

$$b_1 = -\cos\omega' \sin\kappa' - \sin\omega' \sin\varphi' \cos\kappa'$$

$$b_2 = \cos\omega' \cos\kappa' + \sin\omega' \sin\varphi' \sin\kappa'$$

$$b_3 = -\sin\omega' \cos\varphi'$$

$$c_1 = \sin\omega' \sin\kappa' + \cos\omega' \sin\varphi' \cos\kappa'$$

$$c_2 = -\sin\omega' \cos\kappa' - \cos\omega' \sin\varphi' \sin\kappa'$$

$$c_3 = \cos\omega' \cos\varphi'$$

3) 以 Z 轴为主轴的 A、α、κ 系统的坐标变换

A 角的顺时针方向为正，故：

$$\begin{bmatrix} X \\ Y \\ Z \end{bmatrix} = R_A R_\alpha R_\kappa \begin{bmatrix} x \\ y \\ -f \end{bmatrix} = R \begin{bmatrix} x \\ y \\ -f \end{bmatrix} \qquad\qquad (2.19)$$

式中：

$$R = R_A R_\alpha R_\kappa \begin{bmatrix} \cos A & \sin A & 0 \\ -\sin A & \cos A & 0 \\ 0 & 0 & 1 \end{bmatrix} \cdot \begin{bmatrix} 1 & 0 & 0 \\ 0 & \cos\alpha & -\sin\alpha \\ 0 & \sin\alpha & \cos\alpha \end{bmatrix} \cdot \begin{bmatrix} \cos\kappa_V & -\sin\kappa_V & 0 \\ \sin\kappa_V & \cos\kappa_V & 0 \\ 0 & 0 & 1 \end{bmatrix}$$

$$= \begin{bmatrix} a_1 & a_2 & a_3 \\ b_1 & b_2 & b_3 \\ c_1 & c_2 & c_3 \end{bmatrix} \qquad\qquad (2.20)$$

其中：

$$a_1 = \cos A \cos\kappa + \sin A \cos\alpha \sin\kappa$$

$$a_2 = -\cos A \sin\kappa + \sin A \cos\alpha \cos\kappa$$

$$a_3 = -\sin A \sin\alpha$$

$$b_1 = -\sin A \cos\kappa + \cos A \cos\alpha \sin\kappa$$

$$b_2 = \sin A \sin\kappa + \cos A \cos\alpha \cos\kappa$$

$$b_3 = -\cos A \sin\alpha$$

$$c_1 = \sin\alpha \sin\kappa$$

$$c_2 = \sin\alpha \cos\kappa$$

$$c_3 = \cos\alpha$$

值得注意的是,对于同一张像片在同一坐标系中,当选取不同旋角系统的三个角度计算方向余弦时,其表达式不相同,但相应的方向余弦值是相等的,即由不同旋角系统的角度计算的旋转矩阵是唯一的。

2.2.5 共线方程

1. 一般地区的构像方程

为了研究像点与地面相应点的数学关系,必须建立中心投影的构像方程。如图 2.36 所示,$A\text{-}XYZ$ 为选定的一个右手系地面直角坐标系。地面点 A 和投影中心 S 在该坐标系中的坐标分别为 X_A,Y_A,Z_A 和 X_S,Y_S,Z_S;A 在像片上的构像点 a,在像空间辅助坐标系 $S\text{-}XYZ$ 和像空间直角坐标系 $S\text{-}xyz$ 中的坐标分别为 X,Y,Z 和 x,y,$-f$。由于 S、a、A 三点共线,坐标系 $S\text{-}XYZ$ 与坐标系 $A\text{-}XYZ$ 的对应轴平行,因此,根据相似三角形关系得:

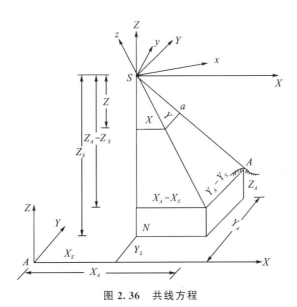

图 2.36 共线方程

$$\frac{X}{X_A - X_S} = \frac{Y}{Y_A - Y_S} = \frac{Z}{Z_A - Z_S} = \frac{1}{\lambda}$$

式中 λ 为比例因子,写成矩阵形式为:

$$\begin{bmatrix} X \\ Y \\ Z \end{bmatrix} = \frac{1}{\lambda} \begin{bmatrix} X_A - X_S \\ Y_A - Y_S \\ Z_A - Z_S \end{bmatrix} \tag{2.21}$$

由像点的像空间坐标与像空间辅助坐标系可以得到其逆算式

$$\begin{bmatrix} x \\ y \\ z \end{bmatrix} = \begin{bmatrix} a_1 & b_1 & c_1 \\ a_2 & b_2 & c_2 \\ a_3 & b_3 & c_3 \end{bmatrix} \begin{bmatrix} X \\ Y \\ Z \end{bmatrix} \tag{2.22}$$

将式(2.21)代入式(2.22),并经运算得:

$$\begin{cases} x = -f\dfrac{a_1(X_A-X_S)+b_1(Y_A-Y_S)+c_1(Z_A-Z_S)}{a_3(X_A-X_S)+b_3(Y_A-Y_S)+c_3(Z_A-Z_S)} \\ y = -f\dfrac{a_2(X_A-X_S)+b_2(Y_A-Y_S)+c_2(Z_A-Z_S)}{a_3(X_A-X_S)+b_3(Y_A-Y_S)+c_3(Z_A-Z_S)} \end{cases} \tag{2.23}$$

当需顾及内方位元素时,可表示为:

$$\begin{cases} x - x_0 = -f\dfrac{a_1(X_A-X_S)+b_1(Y_A-Y_S)+c_1(Z_A-Z_S)}{a_3(X_A-X_S)+b_3(Y_A-Y_S)+c_3(Z_A-Z_S)} \\ y - y_0 = -f\dfrac{a_2(X_A-X_S)+b_2(Y_A-Y_S)+c_2(Z_A-Z_S)}{a_3(X_A-X_S)+b_3(Y_A-Y_S)+c_3(Z_A-Z_S)} \end{cases} \tag{2.24}$$

式(2.24)是一般地区中心投影的构像方程,又称共线方程式。此式是摄影测量中重要的基本公式之一。

根据式(2.13)、式(2.14)以及式(2.21),可得共线方程式反算式

$$\begin{cases} X_A - X_S = (Z_A-Z_S)\dfrac{a_1 x+a_2 y-a_3 f}{c_1 x+c_2 y-c_3 f} \\ Y_A - Y_S = (Z_A-Z_S)\dfrac{b_1 x+b_2 y-b_3 f}{c_1 x+c_2 y-c_3 f} \end{cases} \tag{2.25}$$

对式(2.23)和式(2.25)进行分析,可得出如下结论:

① 当地面点坐标 X_A,Y_A,Z_A 已知时,量测像点坐标 x,y,式中有 6 个未知数,即 6 个外方位元素。

② 利用 3 个或 3 个以上已知地面平高点,可求出像片的外方位元素(后方交会)。

③ 当立体像对的外方位元素已知时,量测像点坐标 x,y,可求解未知地面点三维坐标 X_A,Y_A,Z_A(前方交会)。

④ 由式(2.25)可知,在给定像片外方位元素的条件下,并不能由像点坐标计算出地面点的空间坐标,只能确定地面点的方向。只有给出地面点的高程,才能确定地面点的平面位置。

2. 平坦地区的构像方程

当地面水平时,$Z_A-Z_S=-H$(为一常数),X_A-X_S 和 Y_A-Y_S 分别为地面点的像空间辅助坐标 X 和 Y。

$$\begin{cases} X = \dfrac{a_{11} x+a_{12} y+a_{13}}{a_{31} x+a_{32} y+1} \\ Y = \dfrac{a_{21} x+a_{22} y+a_{23}}{a_{31} x+a_{32} y+1} \end{cases} \tag{2.26}$$

式(2.26)为地面水平时构像方程的一般形式,反映了像片平面和地平面两平面之间的中心投影构像方程,又称为透视变换公式。

3. 水平像片与倾斜像片的坐标关系式

假定在摄站 S 处用同一个航摄仪同时摄取了另一张水平像片 P^0,则此时像空间坐标系应与像空间辅助坐标系重合。因此,这两个坐标系统之间的旋转矩阵为单位阵,即

$$\boldsymbol{R}=\begin{bmatrix} a_1 & a_2 & a_3 \\ b_1 & b_2 & b_3 \\ c_1 & c_2 & c_3 \end{bmatrix}=\begin{bmatrix} 1 & 0 & 0 \\ 0 & 1 & 0 \\ 0 & 0 & 1 \end{bmatrix}$$

设地面点 A 在水平像片 P^0 上的像点为 a,其在水平像片上的坐标用 (x^0,y^0) 表示,则由式(2.23)可得

$$\begin{cases} x^0=-f\,\dfrac{X_A-X_S}{Z_A-Z_S} \\ y^0=-f\,\dfrac{Y_A-Y_S}{Z_A-Z_S} \end{cases} \tag{2.27}$$

这就是水平像片上像点 a、投影中心 S 和物点 A 三点共线的坐标表达式。

将式(2.25)代入式(2.27),则有

$$\begin{cases} x^0=-f\,\dfrac{a_1x+a_2y-a_3f}{c_1x+c_2y-c_3f} \\ y^0=-f\,\dfrac{b_1x+b_2y-b_3f}{c_1x+c_2y-c_3f} \end{cases} \tag{2.28}$$

式(2.28)是倾斜像片上像点坐标 (x,y) 与同摄站水平像片上像点坐标 (x^0,y^0) 之间的严密关系式。有时又把 (x^0,y^0) 叫作倾斜像片上像点的纠正坐标。

2.2.6 航摄像片上的像点位移

1. 因像片倾斜引起的像点位移

理论上讲,理想像片可以作为地形图直接使用。但是在实际航空摄影时,在中心投影的情况下,像片有倾斜,地面有起伏,便会导致地面点在航摄像片上的构像相对于在理想情况下的构像,产生了位置的差异,这一差异称为像点位移。像点位移又导致了由像片上任一点引画的方向线,相对于地面上相应的水平方向线,产生了方向上的偏差。像点位移的结果是使像片上的几何图形与地面上的几何图形产生变形,使像片上影像比例尺处处不相等,所以一般摄影像片不能简单作为影像地图使用。

1)像片倾斜位移的概念

如图 2.37 所示,假定地面水平,在同一摄影中心 S 对地面摄取两张像片,一张为倾斜像片 P,另一张为水平像片 P^0。某地面点在航摄像片上的构像位置,相对于同摄站同摄影机摄取的水平像片上构像位置的差异,称为因像片倾斜引起的像点位移。

为了建立两张像片之间的联系,像点坐标用极坐标表示,以公共的等角点 c 为极点、以等比线为极轴建立坐标系。一对像点的极角和向径分别以 φ,φ^0 和 r_c,r_c^0 来表示。根据平面直角坐标与极坐标的关系有:

$$x = r\cos\varphi, y = r\sin\varphi \qquad (2.29)$$

$$\tan\varphi = \frac{y_c}{x_c}, \tan\varphi^0 = \frac{y_c^0}{x_c^0}$$

可以证明

$$\frac{y_c}{x_c} = \frac{y_c^0}{x_c^0}$$

所以有

$$\varphi = \varphi^0$$

由此可见,在倾斜像片上由等角点出发,引向任意像点的方向线,其方向角与水平像片上相应方向线的方向角恒等。

2) 像片倾斜位移的数学表达式

如图 2.38 所示,设地面一点在倾斜像片 P 上的构像为 a,在水平像片 P^0 上的构像为 a^0,将倾斜像片绕等比线 $hchc$ 旋转,旋转到与水平像片重合时,形成叠合图形。由于任意一对相应像点 a 与 a^0 的极角 φ 和 φ^0 总是相等的,所以叠合图形中两向径 ca 和 ca^0 共线,因像片倾斜,两向径 ca 和 ca^0 长度不等,两向径之差 $\delta_a = ca - ca^0$ 就是因像片倾斜引起的像点位移。

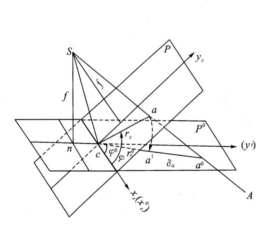

图 2.37 像点倾斜位移

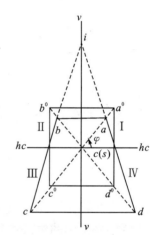

图 2.38 像片倾斜引起的像点位移

像点位移的近似表达式为:

$$\delta_a \approx -\frac{r_c^2}{f}\sin\varphi\sin\alpha \qquad (2.30)$$

式中:f 为像片主距。

由式(2.30)可知倾斜像片上像点位移有如下特性:

① 倾斜像片上像点位移 δ_a 出现在以等角点为中心的辐射线上。

② 当 $\varphi = 0°$ 或 $180°$ 时,即像点位于等比线上时,$\delta_a = 0$,无像点位移。

③ 当 φ 角在 $0° \sim 180°$ 时,δ_a 为负值,即朝向等角点位移;当 φ 角在 $180° \sim 360°$ 时,δ_a 为正值,即背向等角点位移。

④ 当 $\varphi = 90°$ 或 $\varphi = 270°$ 时,$\sin\varphi = \pm 1$,即 r_c 相同的情况下,主纵线上 $|\delta_\varphi|$ 为最大值。

以上是因像片倾斜引起的像点位移的规律。这种位移表现为水平的地平面上任意一正方形在像片上的构像变为任意四边形;反之,像片上的一正方形影像对应于地面上的景物不一定是正方形。

2. 因地形起伏引起的像点位移

1）因地形起伏引起的投影差

图 2.39 为一剖面图,若将基准面 E 上的投影差按比例尺 $\frac{1}{M}$ 缩小在图面 E' 上,图中所示的 $\Delta h'$,就称为图面上的投影差。

由图 2.39 中的相似三角形关系,可直接求得投影差的计算公式为:

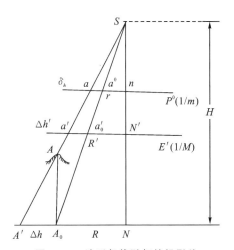

$$\Delta h' = \frac{h}{H-h}R \qquad (2.31)$$

式中:h 为地面上某点对所选基准面的高差;H 为所选基准面的航高;R 为图面上某点至底点的实地距离。由式(2.31)可知,投影差 $\Delta h'$ 的符号与地面点相对于基准面的高差符号一致。

2）因地形起伏引起的像点位移

因地形起伏引起的像点位移,是因航摄像片上某地面点的像点相对于该地面点在所选基准面上正射投影的像点之间的差异引起的。

图 2.39 地形起伏引起的投影差

由图 2.39 所示的几何关系,可求得水平像片上计算像点位移的公式为:

$$\delta_h = \frac{h}{H}r \qquad (2.32)$$

上式是像片上改投影差的公式,也是为单张像片测图的作业中,在航摄像片上计算改投影差的实用公式。

综上所述,可归纳地形起伏像点位移的特征为:

① 地形起伏像点位移是地面点相对于所取基准面的高差而引起的。

② 地形起伏像点位移以误差值表示,表现在像底点为辐射中心的方向线上。

③ 地形起伏像点位移的符号与该点的高差符号相同,即:当 h 为正时,δ_h 为正,将背离像点方向位移;当 h 为负时,δ_h 为负,将朝向像底点方向位移;当 $r=0$ 时,$\delta_h=0$,这说明位于像底点处的像点不存在地形起伏引起的像点位移。

④ 在保持像片摄影比例尺不变的条件下,地形起伏像点位移之值随航高的增大而减小,因此采用长焦距摄影机以增大航高进行空中摄影是有利的。

⑤ 在航摄像片上由像底点引出的辐射线不会出现因地形起伏像点位移引起的方向偏差。

⑥ 水平像片上存在由地形起伏引起的像点位移 δ_h。

从以上像点位移的讨论可知,由于摄影时像片既有倾斜,地面又有起伏,因此,航摄像片上任意一点都存在像点位移,且位移的大小随点位的不同而不同,由此导致一张像片上不同点位的比例尺不相等。

3) 物理因素引起的像点位移

摄影得到的影像受到摄影机物镜畸变差、摄影处理、大气折光、底片压平以及地球弯曲等因素的影响,会造成像片上的影像产生误差,直接影响摄影测量的精度。为了改善和提高摄影测量成果的精度,需对上述各种因素对像片影像影响的规律进行研究和处理。

(1) 摄影机物镜畸变差对像片影像的影响

物镜的畸变差有两种,一种是径向畸变差,另一种是切向畸变差。由于后者比前者小得多,因此,生产中一般只测定径向畸变差,并对其影响进行改正。

对称的均匀畸变差可用一多项式来表达:

$$\Delta_r = \kappa_0 r + \kappa_1 r^3 + \kappa_2 r^5 + \kappa_3 r^7 + \cdots \tag{2.33}$$

式中:r 为像点的径向半径,即像片上像点到像主点的距离;Δ_r 为畸变差;$\kappa_0, \kappa_1, \kappa_2, \kappa_3, \cdots$ 为径向畸变差系数。

在改正像点畸变差影响时,常规做法是分别在 X, Y 方向进行改正。因此,像点坐标的改正公式可写为:

$$\begin{cases} \Delta_x = -x(\kappa_0 + \kappa_1 r^2 + \kappa_2 r^4 + \kappa_3 r^6 + \cdots) \\ \Delta_y = -y(\kappa_0 + \kappa_1 r^2 + \kappa_2 r^4 + \kappa_3 r^6 + \cdots) \end{cases} \tag{2.34}$$

式中:x, y 为像点坐标;Δ_x, Δ_y 为像点坐标改正值;$\kappa_0, \kappa_1, \kappa_2, \kappa_3, \cdots$ 为物镜畸变差改正系数。

(2) 摄影感光材料变形的影响

感光材料在摄影、摄影处理、负片保存以及由负片晒印正片的过程中,都会产生不同程度的感光材料变形。这类变形影响的改正可根据对像片上框标位置的量测,采用以下方法进行改正:

① 四个框标位于像幅四边的中央,如图 2.40(a)所示。

$$\begin{cases} x = x' \dfrac{L_X}{l_x} \\ y = y' \dfrac{L_Y}{l_y} \end{cases} \tag{2.35}$$

式中:L_X, L_Y 为框标之间距离的正确值;l_x, l_y 为框标之间在像片上的量测距离;x', y' 为像点坐标的量测值;x, y 为经变形改正后的像点坐标。

② 四个框标位于像幅的四个角隅,如图 2.40(b)所示。

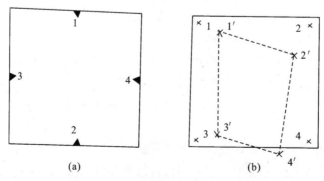

图 2.40 四个框标位于像片不同位置

$$\begin{cases} x = a_1 + a_2 x' + a_3 y' + a_4 x' y' \\ y = b_1 + b_2 x' + b_3 y' + b_4 x' y' \end{cases} \tag{2.36}$$

式中：x'，y' 为量测的像点坐标值；x，y 为正确的像点坐标值；a_i，$b_i (i=1,2,\cdots)$ 为变换的待定参数。

（3）大气折光的影响

如图 2.41 所示，大气折光引起的像点位移在辐射方向的改正可用下式表达：

$$\Delta_r = -f\left(1 + \frac{r^2}{f^2}\right) r_f \tag{2.37}$$

由式（2.37）可求得像点坐标的改正值为：

$$\begin{cases} \mathrm{d}x = \dfrac{x}{r} \Delta_r \\[2mm] \mathrm{d}y = \dfrac{y}{r} \Delta_r \end{cases} \tag{2.38}$$

（4）地球曲率对像点坐标的影响

如图 2.42 所示，地球弯曲对像点位移的影响可由下式计算得出：

$$\Delta_r = -\frac{H}{2f^2 R} r^3 \tag{2.39}$$

像点坐标 x，y 的改正值分别为：

$$\begin{cases} \delta_x = x \cdot \dfrac{\Delta_r}{r} = x\left(\dfrac{r}{f}\right)^2 \cdot \left(\dfrac{H}{2R}\right) \\[3mm] \delta_y = y \cdot \dfrac{\Delta_r}{r} = y\left(\dfrac{r}{f}\right)^2 \cdot \left(\dfrac{H}{2R}\right) \end{cases} \tag{2.40}$$

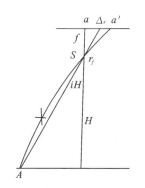

图 2.41 大气折光引起的像点位移

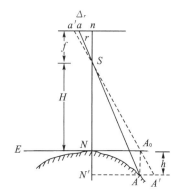

图 2.42 地球曲率引起的像点位移

2-11 单张
像片空间
后方交会

2.2.7 单张像片空间后方交会

利用航摄像片上三个以上像点坐标和对应地面点坐标，计算像片外方位元素的工作，称为单张像片的空间后方交会。

1. 单张像片空间后方交会的基本公式

进行空间后方交会运算,常用的一个基本公式是中心投影共线方程(2.41),式中的未知数是六个外方位元素。一个已知点可列出两个方程式,如有三个不在一条直线上的已知点,就可列出六个独立的方程式,解求六个外方位元素。共线条件方程的严密关系式是非线性函数,不便于计算机迭代计算,为此,要由严密公式推导出一次项近似公式,即变为线性函数。

$$\begin{cases} x = -f \dfrac{a_1(X-X_S)+b_1(Y-Y_S)+c_1(Z-Z_S)}{a_3(X-X_S)+b_3(Y-Y_S)+c_3(Z-Z_S)} \\[2mm] y = -f \dfrac{a_2(X-X_S)+b_2(Y-Y_S)+c_2(Z-Z_S)}{a_3(X-X_S)+b_3(Y-Y_S)+c_3(Z-Z_S)} \end{cases} \tag{2.41}$$

将上式按泰勒级数展开,取至一次项(采用 $\varphi\omega\kappa$ 转角系统),有:

$$\begin{cases} x = (x) + \dfrac{\partial x}{\partial X_S}\mathrm{d}X_S + \dfrac{\partial x}{\partial Y_S}\mathrm{d}Y_S + \dfrac{\partial x}{\partial Z_S}\mathrm{d}Z_S + \dfrac{\partial x}{\partial \varphi}\mathrm{d}\varphi + \dfrac{\partial x}{\partial \omega}\mathrm{d}\omega + \dfrac{\partial x}{\partial \kappa}\mathrm{d}\kappa \\[2mm] y = (y) + \dfrac{\partial y}{\partial X_S}\mathrm{d}X_S + \dfrac{\partial y}{\partial Y_S}\mathrm{d}Y_S + \dfrac{\partial y}{\partial Z_S}\mathrm{d}Z_S + \dfrac{\partial y}{\partial \varphi}\mathrm{d}\varphi + \dfrac{\partial y}{\partial \omega}\mathrm{d}\omega + \dfrac{\partial y}{\partial \kappa}\mathrm{d}\kappa \end{cases} \tag{2.42}$$

式中:(x)、(y) 为函数 x、y 在展开点(未知数近似值处)的近似值;$\mathrm{d}X_S,\mathrm{d}Y_S,\mathrm{d}Z_S,\mathrm{d}\varphi,\mathrm{d}\omega,\mathrm{d}\kappa$ 为外方位元素(未知数)的改正数。

每次迭代计算过程中,给定未知数(即外方位元素)的近似值后,即可计算得到展开式中未知数的偏导系数值,从而组成线性方程组,解算,$\mathrm{d}X_S,\mathrm{d}Y_S,\mathrm{d}Z_S,\mathrm{d}\varphi,\mathrm{d}\omega,\mathrm{d}\kappa$。

偏导系数表达示例:

设

$$\begin{cases} x = -f \dfrac{\bar{X}}{\bar{Z}} \\[2mm] y = -f \dfrac{\bar{Y}}{\bar{Z}} \end{cases} \tag{2.43}$$

则

$$\frac{\partial x}{\partial X_S} = -f \frac{\dfrac{\partial \bar{X}}{\partial X_S}\bar{Z} - \dfrac{\partial \bar{Z}}{\partial X_S}\bar{X}}{(\bar{Z})^2} = -f \frac{-a_1\bar{Z}+a_3\bar{X}}{(\bar{Z})^2} = \frac{1}{\bar{Z}}(a_1 f + a_3 x) \tag{2.44}$$

2. 单张像片空间后方交会计算的误差方程及法方程

当控制点多于 3 个时,可采用间接平差法求得未知数的最小二乘解。若观测值 (x,y) 中只包含偶然误差,则误差方程为:

$$\begin{cases} V_x = \dfrac{\partial x}{\partial X_S}\mathrm{d}X_S + \dfrac{\partial x}{\partial Y_S}\mathrm{d}Y_S + \dfrac{\partial x}{\partial Z_S}\mathrm{d}Z_S + \dfrac{\partial x}{\partial \varphi}\mathrm{d}\varphi + \dfrac{\partial x}{\partial \omega}\mathrm{d}\omega + \dfrac{\partial x}{\partial \kappa}\mathrm{d}\kappa - [x-(x)] \\[2mm] V_y = \dfrac{\partial y}{\partial X_S}\mathrm{d}X_S + \dfrac{\partial y}{\partial Y_S}\mathrm{d}Y_S + \dfrac{\partial y}{\partial Z_S}\mathrm{d}Z_S + \dfrac{\partial y}{\partial \varphi}\mathrm{d}\varphi + \dfrac{\partial y}{\partial \omega}\mathrm{d}\omega + \dfrac{\partial y}{\partial \kappa}\mathrm{d}\kappa - [y-(y)] \end{cases} \tag{2.45}$$

设有 n 个控制点,式(2.45)也可写成

$$\begin{cases} V_{x_1} = a_{11}\mathrm{d}X_S + b_{11}\mathrm{d}Y_S + c_{11}\mathrm{d}Z_S + d_{11}\mathrm{d}\varphi + e_{11}\mathrm{d}\omega + f_{11}\mathrm{d}\kappa - l_{x_1} \\ V_{y_1} = a_{21}\mathrm{d}X_S + b_{21}\mathrm{d}Y_S + c_{21}\mathrm{d}Z_S + d_{21}\mathrm{d}\varphi + e_{21}\mathrm{d}\omega + f_{21}\mathrm{d}\kappa - ly_1 \\ \qquad\qquad\qquad\qquad\qquad \vdots \\ V_{x_n} = a_{1n}\mathrm{d}X_S + b_{1n}\mathrm{d}Y_S + c_{1n}\mathrm{d}Z_S + d_{1n}\mathrm{d}\varphi + e_{1n}\mathrm{d}\omega + f_{1n}\mathrm{d}\kappa - l_{x_n} \\ V_{y_n} = a_{2n}\mathrm{d}X_S + b_{2n}\mathrm{d}Y_S + c_{2n}\mathrm{d}Z_S + d_{2n}\mathrm{d}\varphi + e_{2n}\mathrm{d}\omega + f_{2n}\mathrm{d}\kappa - l_{y_n} \end{cases} \quad (2.46)$$

误差方程矩阵形式为：

$$\underset{2n\times1}{\boldsymbol{V}} = \underset{2n\times6}{\boldsymbol{A}}\ \underset{6\times1}{\boldsymbol{X}} - \underset{2n\times1}{\boldsymbol{L}} \quad (2.47)$$

式中：

$$\boldsymbol{V} = \begin{bmatrix} V_x & V_y \end{bmatrix}^{\mathrm{T}}$$

$$\boldsymbol{A} = \begin{bmatrix} a_{11} & a_{12} & a_{13} & a_{14} & a_{15} & a_{16} \\ a_{21} & a_{22} & a_{23} & a_{24} & a_{25} & a_{26} \end{bmatrix}$$

$$\boldsymbol{X} = \begin{bmatrix} \mathrm{d}X_S & \mathrm{d}Y_S & \mathrm{d}Z_S & \mathrm{d}\varphi & \mathrm{d}\omega & \mathrm{d}\kappa \end{bmatrix}^{\mathrm{T}}$$

$$\boldsymbol{l} = \begin{bmatrix} l_x & l_y \end{bmatrix}^{\mathrm{T}}$$

法方程为：

$$\boldsymbol{A}^{\mathrm{T}}\boldsymbol{A}\boldsymbol{X} - \boldsymbol{A}^{\mathrm{T}}\boldsymbol{L} = \boldsymbol{0} \quad (2.48)$$

解之得：

$$\boldsymbol{X} = (\boldsymbol{A}^{\mathrm{T}}\boldsymbol{A})^{-1}\boldsymbol{A}^{\mathrm{T}}\boldsymbol{L} \quad (2.49)$$

3. 单张像片空间后方交会的计算过程

单张像片空间后方交会的计算过程如下：

① 获取原始数据。从摄影资料中查取平均航高与摄影机主距；从外业测量成果中获取地面控制点的地面测量，或转换为地面摄影测量坐标。

② 用像点坐标量测仪器量测像点坐标。

③ 确定未知数的初始值：在竖直摄影情况下，三个角元素的初始值取为 $\varphi = \omega = \kappa = 0$，三个直线元素取为：

$$Z_S^0 = mf + \frac{1}{n}\sum Z_{控}$$

$$X_S^0 = \frac{\sum X}{4}$$

$$Y_S^0 = \frac{\sum Y}{4}$$

式中：m 为摄影比例尺分母，n 为控制点个数。

④ 用三个角元素的初始值计算旋转矩阵 $\boldsymbol{R}$：

$$\boldsymbol{R} = \begin{bmatrix} \cos\varphi & 0 & -\sin\varphi \\ 0 & 1 & 0 \\ \sin\varphi & 0 & \cos\varphi \end{bmatrix} \cdot \begin{bmatrix} 1 & 0 & 0 \\ 0 & \cos\omega & -\sin\omega \\ 0 & \sin\omega & \cos\omega \end{bmatrix} \cdot \begin{bmatrix} \cos\kappa & -\sin\kappa & 0 \\ \sin\kappa & \cos\kappa & 0 \\ 0 & 0 & 1 \end{bmatrix} = \begin{bmatrix} a_1 & a_2 & a_3 \\ b_1 & b_2 & b_3 \\ c_1 & c_2 & c_3 \end{bmatrix}$$

$$a_1 = \cos\varphi\cos\kappa - \sin\varphi\sin\omega\sin\kappa$$

$$a_2 = -\cos\varphi\sin\kappa - \sin\varphi\sin\omega\cos\kappa$$

$$a_3 = -\sin\varphi\cos\omega$$

$$b_1 = \cos\omega\sin\kappa$$

$$b_2 = \cos\omega\cos\kappa$$

$$b_3 = -\sin\omega$$

$$c_1 = \sin\varphi\cos\kappa + \cos\varphi\sin\omega\sin\kappa$$

$$c_2 = -\sin\varphi\sin\kappa + \cos\varphi\sin\omega\cos\kappa$$

$$c_3 = \cos\varphi\cos\omega$$

当 $\varphi = \omega = \kappa = 0$ 时：

$$\mathbf{R} = \begin{pmatrix} 1 & 0 & 0 \\ 0 & 1 & 0 \\ 0 & 0 & 1 \end{pmatrix}$$

⑤ 将所取未知数的初始值和控制点的地面坐标代入共线方程式,逐点计算像点坐标的近似值 x, y 并计算

$$\begin{cases} x = -f\dfrac{a_1(X-X_S)+b_1(Y-Y_S)+c_1(Z-Z_S)}{a_3(X-X_S)+b_3(Y-Y_S)+c_3(Z-Z_S)} \\ y = -f\dfrac{a_2(X-X_S)+b_2(Y-Y_S)+c_2(Z-Z_S)}{a_3(X-X_S)+b_3(Y-Y_S)+c_3(Z-Z_S)} \end{cases}$$

⑥ 组成误差方程式。

⑦ 计算法方程式的系数矩阵与常数项,组成法方程式。

⑧ 解算法方程式,迭代求得未知数的改正数。

4. 单张像片空间后方交会的精度

通过计算得出九点法和四点法空间后方交会的理论精度,如表 2.5 所示。

表 2.5　九点法和四点法空间后方交会的理论精度比较

元　　素	中　误　差	
	九点法	四点法
X_S	$\pm 0.0758\dfrac{H}{f}\mathrm{mm}$	$\pm 0.1118\dfrac{H}{f}\mathrm{mm}$
Y_S	$\pm 0.0758\dfrac{H}{f}\mathrm{mm}$	$\pm 0.1118\dfrac{H}{f}\mathrm{mm}$
Z_S	$\pm 0.0289\dfrac{H}{f}\mathrm{mm} \approx \dfrac{H}{2400}$	$\pm 0.0353\dfrac{H}{f}\mathrm{mm} \approx \dfrac{H}{2000}$
φ	$\pm 2'.0$	$\pm 2'.4$
ω	$\pm 2'.0$	$\pm 2'.4$
κ	$\pm 1'.4$	$\pm 1'.8$

从表 2.5 可以看出,空间后方交会的精度是很高的。在观测值精度一致时,使用的控制点越多,精度就越高。

2.2.8 技能训练

外业影像获取之后,需对航摄成果进行整理及预处理。航摄成果包括影像数据、POS 数据、相机文件。航摄成果的预处理主要指外业获取影像的质量、POS 文件及相机检校文件的检查及分析。

① 外业获取影像的质量检查。

外业获取影像质量检查的内容包括影像曝光情况、有无影像移动情况、影像清晰度情况、影像集合畸变情况等。经检查,航摄资料完整,项目内容齐全,飞行质量较好,机载 IMU 及 GNSS 获取数据质量、相机影像数据质量符合规范要求。提供的测区相应分辨率的影像数据资料,能够满足后续数字摄影测量生产的使用需要。

② POS 文件的检查及分析,如图 2.43 所示。

③ 相机检校文件的检查及分析,如图 2.44 所示。

	A	B	C	D
	DSC00004.JPG	3859670.805	450953.8177	699.12
	DSC00005.JPG	3859750.6	450951.5238	699.96
	DSC00006.JPG	3859830.404	450951.1214	700.37
	DSC00007.JPG	3859910.446	450947.6098	699.54
	DSC00008.JPG	3859990.361	450944.9005	698.76
	DSC00009.JPG	3860070.472	450943.7841	699.74
	DSC00010.JPG	3860150.177	450940.6732	699.57
	DSC00011.JPG	3860230.27	450938.0755	699.42
	DSC00012.JPG	3860310.109	450935.3265	697.45
	DSC00013.JPG	3860390.126	450931.2933	699.21
	DSC00014.JPG	3860470.034	450929.0079	699.54
	DSC00015.JPG	3860549.996	450927.0072	699.83
	DSC00016.JPG	3860630.077	450925.3355	699.32
	DSC00017.JPG	3860709.957	450922.5759	699.31
	DSC00018.JPG	3860789.916	450920.057	699.73
	DSC00019.JPG	3860869.908	450918.3882	699.69
	DSC00020.JPG	3860949.796	450916.439	699.31
	DSC00021.JPG	3861029.878	450913.4498	699.46
	DSC00022.JPG	3861109.506	450911.399	699.5
	DSC00023.JPG	3861189.483	450909.587	699.15
	DSC00024.JPG	3861269.527	450906.6889	699.04
	DSC00025.JPG	3861349.631	450903.871	699.46
	DSC00026.JPG	3861429.337	450901.4233	699.61
	DSC00027.JPG	3861509.366	450899.0822	699.48
	DSC00028.JPG	3861589.537	450896.8675	699.4
	DSC00029.JPG	3861669.517	450895.1941	699.44
	DSC00030.JPG	3861749.49	450892.8765	699.23
	DSC00031.JPG	3861829.376	450890.8289	700.26
	DSC00032.JPG	3861909.34	450888.2671	699.16
	DSC00033.JPG	3861989.055	450884.8395	699.36
	DSC00034.JPG	3862069.181	450883.0315	699.38
	DSC00035.JPG	3862149.199	450880.5777	699.75
	DSC00036.JPG	3862229.403	450877.7247	699.1
	DSC00037.JPG	3862309.37	450875.9813	699.92
	DSC00038.JPG	3862389.196	450874.4248	699.72
	DSC00039.JPG	3862469.31	450872.0356	698.84
	DSC00040.JPG	3862549.132	450869.1729	699.7

‹ › ›| 1pos2000 +

图 2.43 POS 文件

```
文件(F) 编辑(E) 格式(O) 查看(V) 帮助(H)
camera_calibration_file 0#Focal Length (mm) assuming a sensor
width of 34.9999641600000188646x23.3450680320000003758mm#Image
size 7952.00000000000000000000x5304.00000000000000000000 pixel
FOCAL 34.4768516110935436836#Principal Point Offset xpoff ypoff
in mm (Inpho)XPOFF -0.00880992894234310965YPOFF
0.05488083440800130275#Principal Point Offset xpoff ypoff in mm
XPOFF 0.00880992894234310965YPOFF 0.05488083440800130275
#Principal Point Offset xpoff ypoff in pixel XPOFF
2.00161606066603781073YPOFF 12.4689268543161233537#How many
fiducial pairs (max 8):NUM_FIDS 4 #Fiducials position
DATA_STRIP_SIDE left#Fiducial x,y pairs in mm:FID_PAIRS
17.49999820800000094323 -11.6725340160000017879 -
17.49999820800000094323 -11.6725340160000017879 -
17.49999820800000094323 11.6725340160000017879 -
17.49999820800000094323 11.6725340160000017879#Symmetrical Lens
Distortion Odd-order Poly Coeffs:K0,K1,K2,K3SYM_DIST 0
0.00000016702402284814 0.00000000009763309677
0.00000000000035608173#Decentering Lens Coeffs p1,p2,p3DEC_DIST
0.00000017004243921537 -0.00000036059497248309 0#How many
distortion pairs (max 20):NUM_DIST_PAIRS 20
```

图 2.44 相机检校文件

任务 2.3　航摄立体像对解析

2.3.1 立体观察与量测

2-12 像对
立体观察
与量测

1. 人眼立体视觉

眼是人们观察外界景物的感觉器官。眼球位于眼窝内,肌肉的收缩作用可使眼球转动。

眼睛前突部分为透明角膜,它是外界光线进入眼球的通道。角膜后面有一个水晶体,如同双凸透镜,可随观察物体的远近改变曲率半径。眼球的最里层是视网膜,由视神经末梢组成,有感受光线的作用。感光最灵活的地方是网膜窝。眼球的形状近乎对称,其对称轴为光轴。当人眼注视某物点时,视轴会自动地转向该点,使该点成像在网膜窝中心,同时随着物体离人眼的远近自动改变水晶体曲率,使物体在视网膜上的构像清晰。眼睛的这种本能称为眼的调节。

当双眼观察物体时,两眼会本能地使物体的像落于左右两网膜窝中心,即视轴交会于所注视的物点上,这种本能称为眼的交会。在生理习惯上,眼的交会动作与眼的调节是同时进行、永远协调的。在观察不同距离的物体时,通过水晶体曲率半径的调节,网膜窝上总是能形成清晰的像。眼的这种调节功能使其能够看清远近不同的物体。正常眼的调节静息状态称为明视距离,通常为 250mm,而成人双眼瞳距平均值约为 65mm。

1) 人眼相当于摄影机

人眼是一个天然的光学系统,结构复杂,它好像一架完善的自动调光的摄像机,水晶体如同摄影机物镜,它能自动改变焦距,使观察不同远近物体时,视网膜上都能得到清晰的物像;瞳孔好像光圈,网膜好像底片,能接收物体的影像信息,如图 2.45 所示。

只有用双眼观察景物,才能判断景物的远近,得到景物的立体效应。这种现象称为人眼的立体视觉。在摄影测量学中,根据这一原理,对同一地区在两个不同摄影站点上拍摄两种影像,构成一个立体像对,进行观察与测量。

2) 立体视觉原理

(1) 立体视觉原理解析

人眼为什么能观察景物的远近呢? 如图 2.46 所示,A 点在两眼中的构像分别为 a_1、a_2,而 B 点在两眼中的构像分别为 b_1、b_2,AB 在两眼中的构像分别为 a_1b_1 和 a_2b_2,则有 $\delta = a_1b_1 - a_2b_2$,δ 称为生理视差。科学研究表明:由交会角不同而引起的生理视差,通过人的大脑就能做出物体远近的判断。因此,生理视差是人双眼分辨远近的根源。这种生理视差正是物体远近交会角不同的反映,所以可以根据交向角差 $\Delta r = r - r'$ 或生理视差 $\delta = a_1b_1 - a_2b_2$ 判断点位深度位移 $\mathrm{d}L$。

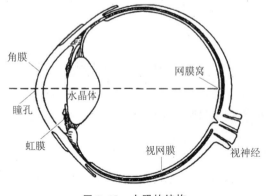

图 2.45 人眼的结构

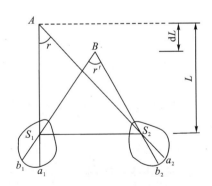

图 2.46 双眼立体视觉原理

(2) 人眼的分辨能力与观察能力

人眼的分辨能力是由视神经细胞决定的,若两物点的影像落在同一视神经细胞内,人眼就分不出这两个像点,即不能分辨这是两个物点。视神经细胞直径为 0.0035mm,相当于水晶体张角为 45″,所以单眼观察两点间的分辨能力为 45″;如果观察的是平行线,则提高为 20″。而试验证明,双眼观察比单眼观察提高 $\sqrt{2}$ 倍,所以双眼观察点状物体的分辨能力为 $45″/\sqrt{2} \approx 31″$,双眼观察线状物体的分辨能力为 $20″/\sqrt{2} \approx 14″$。

(3)人眼的感知过程

按照立体视觉原理来分析,人眼要观测到立体,必须双眼观测,可是当用单眼观测物体时我们同样能观测到立体效果,这主要受人的心理因素影响。我们大脑形成感知主要经历如下过程:光线到达人眼(物理过程),光线刺激视神经细胞使其产生视神经信号(生理过程),大脑结合原有记忆和视神经信号做出判断(心理过程)。在心理过程中,大脑对于物体的判断加入了已有记忆,所以感觉单眼观测的物体是立体的。

2. 人造立体视觉

1)人造立体视觉的产生

如图 2.47 所示,A、B 两物体远近不同形成的交会角的差异,便在人的两眼中产生了生理视差,得到一个立体视觉,能分辨出物体远近。若用摄影机摄得同一景物的两张影像 P_1、P_2,这两张影像称为立体像对。当左、右眼各看一张相应影像时,看到的光线和看实际物体是一致的,在眼中同样可以产生生理视差,能分辨出物体远近。这种观察立体像对得到地面景物立体影像的立体感觉称为人造立体视觉(效能)。人造立体视觉的获取是由于影像的构像真实地记录了空间物体的相互几何关系,它作为中间媒介,将空间实物与网膜窝上生理视差的自然界立体视差的直接关系,分为空间物体与构像信息和构像信息与生理视差两个阶段。对照航空摄影情形,相邻两影像航向重叠 65%,地面上同一物体在相邻两影像上都有影像,即可真实地记录所摄物体相互关系的几何信息。我们利用相邻影像组成的像对进行双眼观察,同样会获取所摄地面的立体空间感觉。这种方法感觉到的实物视觉立体模型称为视模型。

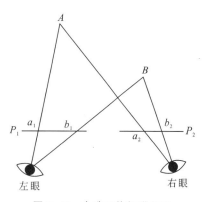

图 2.47 人造立体视觉原理

2)观察人造立体的条件

摄影测量学中,广泛应用人造立体的观察,根据实物在像对上所记录的构像信息建立人造立体视觉,必须符合自然界立体观察的条件。归纳起来有以下四个条件:

① 由两个不同摄站点摄取同一景物的一个立体像对。

② 一只眼睛只能观察像对中的一张影像,即双眼观察像对时必须保持两眼分别只能观察一张影像,这一条件称为分像条件。

③ 两眼各自观察同一景物的左、右影像点的连线应与眼基线近似平行。

④ 影像间的距离应与双眼的交会角相适应。

人造立体视觉的应用使摄影测量从初期的单像量测发展为双像的立体量测,这不仅提高了量测的精度和摄影测量的工作效率,更重要的是,扩大了摄影测量的应用范围,奠定了立体摄影测量的基础。人造立体视觉原理现在已经广泛地应用于各行各业,比如立体电影、3D 电视、3D 模型影像等方面。

3) 立体效应（效能）的转换

在满足上述观察条件的基础上，两张影像有三种不同的放置方式，因而产生了三种立体效应，即正立体效应、反立体效应、零立体效应。

① 正立体效应：左方摄影站获得的影像放在左方，用左眼观察；右方摄影站获得的影像放在右方，用右眼观察。这时就得到一个与实物相似的立体效果，此立体效应为正立体效应。

② 反立体效应：左方摄影站的影像放在右边，用右眼观察；右方摄影站的影像放在左边，用左眼观察或在组成正立体后将左、右像片各旋转 180°。这时观察到的立体影像恰好与实物相反，即物体的高低方位发生变化，这种立体效应称为反立体效应。

③ 零立体效应：将正立体情况下的两张影像，在各自的平面内按同一方向旋转 90°，使得影像上纵横坐标互换方向，因而失去了立体感觉，成为一个平面图像。这种立体视觉称为零立体效应。

正立体效应、反立体效应如图 2.48 所示。

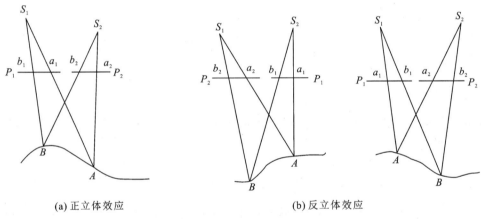

(a) 正立体效应   (b) 反立体效应

图 2.48 正立体效应和反立体效应

在图 2.48(a)中，立体模型与实物相似；在图 2.48(b)中，立体模型与实物相反，即在正立体效应基础上左右像片旋转 180°。

3. 立体观察

航空摄影过程中，航带方向相邻影像都有约 65％的航向重叠，任意两相邻航摄影像都能组成一个立体像对。在摄影测量中，常借助人造立体效应来看所摄地面的视模型。人造立体效应常借助于立体观察仪器，如桥式立体镜、反光立体镜、偏振光立体镜、变焦距双筒立体镜等，还可以借助互补色法来实现。最简单的是双眼直接观察，但人眼基距有限，观察视场小，且成像的视觉模型不稳定，眼睛易疲劳。立体观察也可看作一种影像三维增强的过程。航空影像、侧视雷达影像、SPOT 卫星影像以及高纬度地区陆地卫星 MSS 影像，均可用来进行立体观察，以获取地面三维影像，提高判读效果。

1) 用立体镜观察立体

立体像对的观察方法主要有两种：一种是直接观察两张影像，构成立体视觉，该方法是借助立体镜来达到分像效果的;另一种是通过光学投影方法获取空间信息。

用立体镜观察立体时,一只眼睛只能清晰地看到一张影像的投影影像,目前该方法得到了广泛应用。简单的立体镜是桥式立体镜、反光立体镜。观察立体时,看到的立体模型与实物不一样,主要是在竖直方向夸大了,地面起伏变高,这种变形有利于高程的量测。由于量测的是像点坐标,用它来计算高差时,量测像点坐标没变,所以对计算的高差没影响。桥式立体镜如图 2.49 所示。

2)重叠影式观察立体

当立体像对的两张影像恢复至摄影时的相对位置后,用灯光照射影像时,其投影光线会在承影面上形成重叠的影像。如何满足一只眼睛只看到一张影像的投影影像来观察立体影像呢? 这就要用到"分像"的方法,常用的方法有互补色法、光闸法、偏振光法和液晶闪闭法。

(1)互补色法

混合在一起成为白色光的两种色光称为互补色光。品红和蓝绿是两种常见的互补色。如图 4.50 所示,在暗室中,用两投影器分别对左、右像片进行投影。在左投影器中插入红色滤光片,在右投影器中插入绿色滤光片。观察者戴上左红右绿的眼镜就可以达到分像的目的,从而观察到立体了。

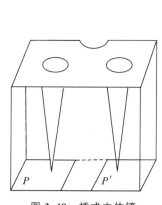

图 2.49 桥式立体镜

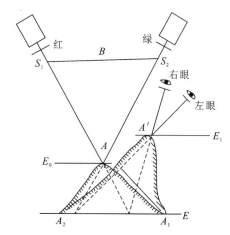

图 2.50 互补色法

(2)光闸法

在投影的光线中安装光闸,两个光闸一个打开,一个关闭,相互交替。人眼戴上与光闸同步的光闸眼镜,就能一只眼睛只看一张影像了。这是由于影像在人眼中能保持 0.15s 的视觉停留,只要同一只眼睛再次打开的时间间隔小于 0.15s,眼睛中的影像就不会消失。这样虽然一只眼睛没有看到影像,但大脑中仍有影像停留,仍能观察到立体。

(3)偏振光法

光线经过偏振器分解出来的偏振光只在偏振平面上传播,设此时的光强为 I_1,当通过第二个偏振器后光强为 I_2,如果两个偏振器的夹角为 α,则 $I_2 = I_1 \cos\alpha$。利用这一特性,在两张影像的投影光路中分别放置偏振平面相互垂直的偏振器,得到波动方向相互垂直的两组偏振光影像。观察者戴上与偏振器相互垂直的偏振眼镜,就能达到分像的目的,从而可以观察到立体。

（4）液晶闪闭法

液晶闪闭式立体显示系统由红外发生器和液晶眼镜组成。使用时红外发生器一端与显卡相连,图像显示软件按照一定的频率交替显示左、右影像,红外发生器同步发射红外线,控制液晶眼镜的左、右镜片交替地闪闭,达到分像的目的,从而观察到立体。

4. 立体量测

摄影测量学不仅要在室内观察到构成地面的立体模型,而且要在模型上量测模型点坐标或在影像上量测像点坐标,从而通过模型点坐标或像点坐标确定地面点的三维坐标。这就要求在立体像对上进行量测。立体量测有双测标量测法和单测标量测法两种方法。

1）双测标量测法

双测标量测法是把两个刻有量测标准的测标放在两张影像上,或放置在左、右影像观察光路中,当立体观测影像对时,左、右两个测标构成一个空间测标,当左、右测标分别在左、右影像的同名地物点上时,测标与该地物点相贴,此时,移动影像或观测系统的手轮可直接读出该点在量测坐标系中的坐标,或者以测标切至某一高程,用左、右手轮运动,保证测标紧贴立体模型表面移动,即可带动测图设备绘出等高线。

如图 2.51 所示,α 称为定测标,α' 称为动测标,α 和 α' 重合时,可读出左、右像点的同名坐标量测值 (x_a,y_a),(x'_a,y'_a)。在这种情况下,相应像点的坐标差称为视差。其中横坐标之差称为左、右视差,用 p 表示,纵坐标之差称为上、下视差,用 q 表示,即 $p=x_a-x'_a$,$q=y_a-y'_a$。

2）单测标量测法

单测标量测法是用一个真实测标去量测立体模型,如图 2.52 所示。把立体像对的左、右两张影像分别装于左、右两个投影器中,并恢复空间相对位置和方位,这时就构成了立体模型。用一个测绘台进行模型点的量测,测绘台的水平小承影面 Q 中央有一小光点测标,小承影面可做上下移动,而整个测绘台可在承影面上做水平方向移动,当光点测标与某一地面点 A 相切时,测标的位置就代表量测点的空间位置 (X,Y,Z),按此高度沿着立体模型表面保持相切的情况下移动测绘台,则测绘台下端的绘图笔随即绘出运动轨迹,此轨迹就是该高程的等高线。

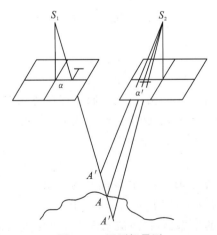

图 2.51　双测标量测

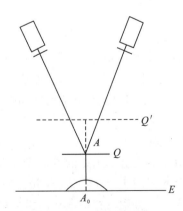

图 2.52　单测标量测

2.3.2 航摄立体像对的基本概念

对单张影像解析,称为单像摄影测量。在共线方程中,对于一张航摄影像而言,若内、外方位元素和像点坐标已知,要解求像点对应的地面点坐标,是满足不了条件的,因为要求的地面点坐标(X,Y,Z)至少需要三个方程式,而一张影像通过共线方程只能建立两个方程式。由共线方程的分析可知,使用一张影像解析目标地面的三维坐标无法实现,只有使用立体摄影测量才可以实现,也就是双像摄影测量。双像摄影测量以立体像对为基础,通过立体观察与量测来确定地面目标的三维信息。由不同摄站摄取的、具有一定影像重叠的两张影像称为立体像对。下面介绍立体像对与所摄地面间的基本几何关系。

如图 2.53 所示,S_1、S_2 为两个摄站,角标 1、2 表示左、右。S_1、S_2 的连线叫作摄影基线,记作 B。地面点 A 的投射线 AS_1 和 AS_2 叫作同名光线或相应光线,同名光线分别与两像面的交点 a_1、a_2 叫作同名像点或相应像点。显然,处于摄影位置时同名光线在同一平面内,即同名光线共面,这个平面叫核面。例如,通过地面点 A 的核面叫作 A 点的核面,记作 WA。所以,在摄影时所有的同名光线都处在各自对应的核面内,即摄影时各对同名光线都是共面的,这是关于立体像对的一个重要几何概念。

通过像底点的核面叫作垂核面,因为左、右底点的投射光线是平行的,所以一个立体像对有一个垂核面。过像主点的核面叫作主核面,有左主核面和右主核面。由于两主光轴一般不在同一个平面内,所以左、右主核面一般是不重合的。

基线或其延长线与像平面的交点叫作核点,图 2.53 中 J_1、J_2 分别是左、右影像上的核点。核面与像平面的交线叫作核线,与垂核面、主核面相对应,有垂核线和主核线。同一个核面对应的左、右影像上的核线叫作同名核线,同名核线上的像点一定是一一对应的,因为它们都是同一个核面与地面上的点的构像。由此得知,任意地面点对应的两条核线是同名核线,左、右影像上的垂核线也是同名核线,而左、右主核线一般不是同名核线。由于所有核面都通过摄影基线,而摄影基线与像平面相交于一点,即核点,因此像面上所有核线必汇聚于核点。与单张影像的解析相联系可知,核点就是空间一组与基线方向平行的直线的合点。

标准式像对是指由摄影基线处于水平状态且两幅影像严格水平放置所构成的立体像对,其特性在于通过以像主点为原点的像平面坐标系定向,可使两像片的像空间坐标系、基线坐标系与地面辅助坐标系三者对应坐标轴保持平行关系。具体而言,当两个像空间坐标系和基线坐标系的所有坐标轴均与地面辅助坐标系对应轴系平行时,该立体像对即满足标准式像对的几何条件,这种空间关系简化了相对定向与绝对定向的计算过程,是摄影测量解析处理中的理想模型。

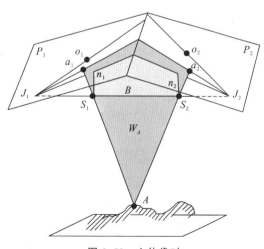

图 2.53 立体像对

2-14 立体像对的前方交会

2.3.3 立体像对的前方交会

利用单张影像空间后方交会可以求得影像的外方位元素,但要利用单张影像反求相应地面点坐标,仍然是不可能的,因为影像的外方位元素和影像上的某一像点坐标,仅能确定影像的空间方位和相应地面点的空间方向。利用立体像对上的同名像点,就能得到两条同名射线在空间的方向及它们的交点,此交点就是该像点对应的地面点的空间位置。若立体像对的内方位元素已知,利用共线方程,通过空间后方交会的方法,可以求得单张影像的外方位元素,即恢复了航摄影像在摄影瞬间的空中姿态和位置,此时通过像对可以恢复一个和摄影时一致的几何模型。这些模型的点坐标便可以在相应的摄影测量坐标系中计算出来。这就是空间前方交会所要做的工作。

空间前方交会是指利用立体像对两张影像的同名像点坐标、内方位元素和外方位元素,解算模型点坐标(或地面点坐标)的工作。

1. 立体像对空间前方交会公式

图 2.54 所示为一个已恢复相对方位的立体像对,其中 S_1、S_2 表示两个摄站,$S_1\text{-}X_1Y_1Z_1$ 是以左摄站为原点的像空间辅助坐标系。在右摄站 S_2 建立一个坐标轴与 $S_1\text{-}X_1Y_1Z_1$ 相平行的像空间辅助坐标系 $S_2\text{-}X_2Y_2Z_2$。在地面建立地面摄影测量坐标系 $D\text{-}X_tY_tZ_t$,X_t 轴与航向基本一致,X_tY_t 面水平,并且使 $S_1\text{-}X_1Y_1Z_1$ 和 $S_2\text{-}X_2Y_2Z_2$ 两个像空间辅助坐标系的坐标轴与 $D\text{-}X_tY_tZ_t$ 平行。

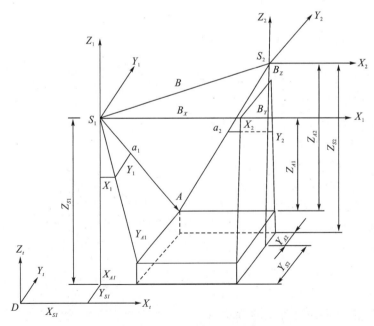

图 2.54 空间前方交会

设地面点 A 在 $D\text{-}X_tY_tZ_t$ 中的坐标为 (X_A,Y_A,Z_A),相应的像点 a_1、a_2 的像空间坐标为

$(x_1,y_1,-f)$、$(x_2,y_2,-f)$，像空间辅助坐标为(X_1,Y_1,Z_1)、(X_2,Y_2,Z_2)，R_1、R_2 分别是左、右影像的旋转矩阵。

显然，可得像空间坐标到空间辅助坐标系之间的坐标变换：

$$\begin{bmatrix} X_1 \\ Y_1 \\ Z_1 \end{bmatrix} = \boldsymbol{R}_1 \cdot \begin{bmatrix} x_1 \\ y_1 \\ -f \end{bmatrix} \cdot \begin{bmatrix} X_2 \\ Y_2 \\ Z_2 \end{bmatrix} = \boldsymbol{R}_2 \begin{bmatrix} x_2 \\ y_2 \\ -f \end{bmatrix} \tag{2.50}$$

摄影基线 B 的三个坐标分量 B_X、B_Y、B_Z 可由外方位线元素计算：

$$\begin{cases} B_X = X_{S2} - X_{S1} \\ B_Y = Y_{S2} - Y_{S1} \\ B_Z = Z_{S2} - Z_{S1} \end{cases} \tag{2.51}$$

由于 S、a、A 三点共线，有：

$$\begin{cases} \dfrac{S_1 A}{s_1 a_1} = \dfrac{X_A - X_{S1}}{X_1} = \dfrac{Y_A - Y_{S1}}{Y_1} = \dfrac{Z_A - Z_{S1}}{Z_1} = N_1 \\ \dfrac{S_2 A}{s_2 a_2} = \dfrac{X_A - X_{S2}}{X_2} = \dfrac{Y_A - Y_{S2}}{Y_2} = \dfrac{Z_A - Z_{S2}}{Z_2} = N_2 \end{cases} \tag{2.52}$$

式中：N_1 和 N_2 称为点投影系数，N_1 为左投影系数，N_2 为右投影系数。

由式(2.52)可得出前方交会计算地面点坐标的公式：

$$\begin{cases} X_A = X_{S1} + N_1 X_1 = X_{S2} + N_2 X_2 \\ Y_A = Y_{S1} + N_1 Y_1 = Y_{S2} + N_2 Y_2 \\ Z_A = Z_{S1} + N_1 Z_1 = Z_{S2} + N_2 Z_2 \end{cases} \tag{2.53}$$

式(2.53)可变为

$$\begin{cases} X_{S2} - X_{S1} = N_1 X_1 - N_2 X_2 = B_X \\ Y_{S2} - Y_{S1} = N_1 Y_1 - N_2 Y_2 = B_Y \\ Z_{S2} - Z_{S1} = N_1 Z_1 - N_2 Z_2 = B_Z \end{cases} \tag{2.54}$$

解式(2.54)可得到

$$\begin{cases} N_1 = \dfrac{B_X Z_2 - B_Z X_2}{X_1 Z_2 - X_2 Z_1} \\ N_2 = \dfrac{B_X Z_1 - B_Z X_1}{X_1 Z_2 - X_2 Z_1} \end{cases} \tag{2.55}$$

式(2.53)、式(2.55)便是空间前方交会的基本公式。

综上所述，利用空间前方交会公式计算地面坐标的步骤为：

① 取两张影像的外方位角元素 φ_1、ω_1、κ_1、φ_2、ω_2、κ_2，利用两张影像的外方位线元素计算出 B_Y、B_Z、B_X。

② 分别计算左、右两像片的旋转矩阵 $\boldsymbol{R}_1$ 和 $\boldsymbol{R}_2$。

③ 计算两像片上相应像点的像空间辅助坐标(X_1,Y_1,Z_1)、(X_2,Y_2,Z_2)。

④ 计算点投影系数 N_1 和 N_2。

⑤ 按式(2.53)计算模型点的地面摄影测量坐标。由于 N_1 和 N_2 是由式(2.54)中的第一、第三两式求出的，所以计算地面坐标 Y_A 时，应取平均值，即

$$Y_A = \frac{1}{2}\left[(Y_{S1} + N_1 Y_1) + (Y_{S2} + N_2 Y_2)\right] \tag{2.56}$$

2. 双像空间后方交会——前方交会解求地面点坐标

当通过航空摄影获取地面的一个立体像对时,可采用双像解析计算的空间后方交会——前方交会方法计算地面点的空间点位坐标。这种方法首先由后方交会的方法求出左、右单张影像的外方位元素,再由前方交会的方法求出待定点坐标,其作业步骤如下:

(1) 空间后方交会求单张影像外方位元素

进行野外影像控制测量,测量出 4 个控制点的地面坐标 (X_t, Y_t, Z_t)。

测出控制点对应的像点坐标,然后测出需求解的像点坐标。

空间后方交会计算影像外方位元素,对两张影像各自进行空间后方交会,计算外方位元素。

(2) 空间前方交会计算未知点地面坐标

利用影像角元素,计算旋转矩阵 $\boldsymbol{R}_1$、$\boldsymbol{R}_2$。

根据影像外方位元素,计算摄影基线:

$$\begin{cases} B_X = X_{S2} - X_{S1} \\ B_Y = Y_{S2} - Y_{S1} \\ B_Z = Z_{S2} - Z_{S1} \end{cases} \tag{2.57}$$

计算像点的像空间辅助坐标系:

$$\begin{bmatrix} X_1 \\ Y_1 \\ Z_1 \end{bmatrix} = \boldsymbol{R}_1 \begin{bmatrix} x_1 \\ y_1 \\ -f \end{bmatrix}, \quad \begin{bmatrix} X_2 \\ Y_2 \\ Z_2 \end{bmatrix} = \boldsymbol{R}_2 \begin{bmatrix} x_2 \\ y_2 \\ -f \end{bmatrix} \tag{2.58}$$

计算点投影系数:

$$\begin{cases} N_1 = \dfrac{B_X Z_2 - B_Z X_2}{X_1 Z_2 - X_2 Z_1} \\[2mm] N_2 = \dfrac{B_X Z_1 - B_Z X_1}{X_1 Z_2 - X_2 Z_1} \end{cases} \tag{2.59}$$

按式(2.53)计算所求点的地面摄影测量坐标,其中 Y_A 坐标的计算按式(2.56)处理。

重复以上步骤,完成所需其他地面点的坐标计算。

2.3.4　解析法相对定向和解析法绝对定向

1. 解析法相对定向

解析法相对定向:利用立体像对中存在的同名光线共面的几何关系,以解析计算方法解求两张像片的相对方位元素的过程。

相对定向目的:由立体影像建立被摄目标的几何模型(几何相似形态)。

1) 立体像对的共面条件方程

相对定向元素:确定立体像对中两张像片相对方位的参数。

（1）连续法相对定向系统

如图 2.55 所示，像对的像空间辅助坐标系 $S_1\text{-}XYZ$ 与 $s_1\text{-}xyz$ 重合，相对定向元素为 B_Y、B_Z、φ_2、ω_2、κ_2，显然，在 $S_1\text{-}XYZ$ 中，有：

$$\begin{cases} X_{S1}=Y_{S1}=Z_{S1}=0, \\ \varphi_1=\omega_1=\kappa_1=0 \end{cases} \begin{cases} X_{S2}=B_X;Y_{S2}=B_Y;Z_{S2}=B_Z \\ \varphi_2;\omega_1;\kappa_2 \end{cases}$$

注意：B_X 不是相对定向元素。

2-17 相对方位元素和绝对方位元素

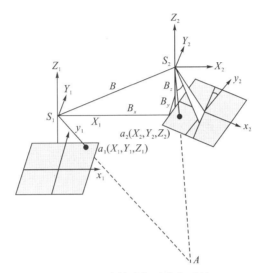

图 2.55　连续法相对定向系统

（2）单独法相对定向系统

在像对的像空间辅助坐标系中，原点为 S_1，X 轴为 S_1S_2 连线方向，Z 轴位于主核面内 S_1S_2 及 O_1 所在的平面。

相对定向元素为 φ_1、ω_1、κ_1、φ_2、ω_2、κ_2，显然，在 $S_1\text{-}XYZ$ 中，有：

$$\begin{cases} X_{S1}=Y_{S1}=Z_{S1}=0, \\ \varphi_1;\omega_1=0;\kappa_1 \end{cases} \begin{cases} X_{S2}=B;Y_{S2}=0;Z_{s2}=0 \\ \varphi_2;\omega_2;\kappa_2 \end{cases}$$

（3）共面条件方程

因摄影时同名光线与摄影基线共面，故由影像重建几何模型时，任何一对同名光线都应满足共面条件式：

$$\overrightarrow{S_1 \ S_2} \cdot (\overrightarrow{S_1 \ a_1} \times \overrightarrow{S_2 \ a_2})=0$$

当各向量坐标表达式为：

$$\begin{cases} \overrightarrow{S_1 \ S_2}=(B_X,B_Y,B_Z) \\ \overrightarrow{S_1 \ a_1}=(X_{a1},Y_{a1},Z_{a1}) \\ \overrightarrow{S_2 \ a_2}=(X_{a2},Y_{a2},Z_{a2}) \end{cases}$$

则共面条件式的行列式表达式为：

$$\begin{vmatrix} B_X & B_Y & B_Z \\ X_{a1} & Y_{a1} & Z_{a1} \\ X_{a2} & Y_{a2} & Z_{a2} \end{vmatrix} = 0$$

2) 连续法相对定向

因

$$\begin{cases} B_Y = B_X \times \tan\mu \approx B_X \times \mu \\ B_Z = (B_X \div \cos\mu) \times \tan\upsilon \approx B_X \times \upsilon \end{cases}$$

所以

$$F = \begin{vmatrix} B_X & B_X\mu & B_x\upsilon \\ X_1 & Y_1 & Z_1 \\ X_2 & Y_2 & Z_2 \end{vmatrix} = 0$$

式中对下标进行了简化,如 X_1 即为 X_{a1}。

将 F 按泰勒级数展开,取至一次项,得未知数(相对定向元素)的线性方程式

$$F = F_0 + \frac{\partial F}{\partial \mu}\mathrm{d}\mu + \frac{\partial F}{\partial \nu}\mathrm{d}\upsilon + \frac{\partial F}{\partial \varphi}\mathrm{d}\varphi + \frac{\partial F}{\partial \omega}\mathrm{d}\omega + \frac{\partial F}{\partial \kappa}\mathrm{d}\kappa = 0 \tag{2.60}$$

对 F 展开式整理得:

$$Q = B_X \mathrm{d}\mu - \frac{Y_2}{Z_2} B_X \mathrm{d}\upsilon - \left(\frac{X_2 Y_2}{Z_2}\right) N_2 \mathrm{d}\varphi - \left(Z_2 + \frac{Y_2^2}{Z_2}\right) N_2 \mathrm{d}\omega \tag{2.61}$$

式中:Q 为推导过程中引入的符号,$Q = N_1 Y_1 - N_2 Y_2 - B_Y$。

Q 的几何意义为模型点的上下视差。

2-18 解析法
绝对定向

2. 解析法绝对定向

解析法绝对定向:利用物方控制点,以解析计算方法解求自由模型(相对定向后建立的)的绝对定向元素的过程。

绝对定向目的:将相对定向得到的自由模型经空间相似变换纳入测图坐标系。

(1) 解析绝对定向的基本公式

空间相似变换公式为:

$$\begin{bmatrix} X \\ Y \\ Z \end{bmatrix} = \lambda R \begin{bmatrix} X_m \\ Y_m \\ Z_m \end{bmatrix} + \begin{bmatrix} \Delta X \\ \Delta Y \\ \Delta Z \end{bmatrix} \tag{2.62}$$

设

$$F = \lambda R \begin{bmatrix} X_m \\ Y_m \\ Z_m \end{bmatrix} + \begin{bmatrix} \Delta X \\ \Delta Y \\ \Delta Z \end{bmatrix} - \begin{bmatrix} X \\ Y \\ Z \end{bmatrix} \tag{2.63}$$

线性化得:

$$F = F_0 + \frac{\partial F}{\partial \lambda}\mathrm{d}\lambda + \frac{\partial F}{\partial \Phi}\mathrm{d}\Phi + \frac{\partial F}{\partial \Omega}\mathrm{d}\Omega + \frac{\partial F}{\partial K}\mathrm{d}K + \frac{\partial F}{\partial \Delta X}\mathrm{d}\Delta X + \frac{\partial F}{\partial \Delta Y}\mathrm{d}\Delta Y + \frac{\partial F}{\partial \Delta Z}\mathrm{d}\Delta Z \tag{2.64}$$

$$\begin{bmatrix} X \\ Y \\ Z \end{bmatrix} = \lambda_0 R_0 \begin{bmatrix} X_m \\ Y_m \\ Z_m \end{bmatrix} + \begin{bmatrix} \Delta X_0 \\ \Delta Y_0 \\ \Delta Z_0 \end{bmatrix} + \lambda_0 \begin{bmatrix} \mathrm{d}\Delta\lambda & -\mathrm{d}K & -\mathrm{d}\Phi \\ \mathrm{d}K & \mathrm{d}\Delta\lambda & -\mathrm{d}\Omega \\ \mathrm{d}\Phi & \mathrm{d}\Omega & \mathrm{d}\Delta\lambda \end{bmatrix} \begin{bmatrix} X_m \\ Y_m \\ Z_m \end{bmatrix} + \begin{bmatrix} \mathrm{d}\Delta X \\ \mathrm{d}\Delta Y \\ \mathrm{d}\Delta z \end{bmatrix} \tag{2.65}$$

（2）定向计算过程

误差方程为：

$$-\begin{bmatrix} V_X \\ V_Y \\ V_Z \end{bmatrix} = \begin{bmatrix} 1 & 0 & 0 & X_m & -Z_m & 0 & -Y_m \\ 0 & 1 & 0 & Y_m & 0 & -Z_m & X_m \\ 0 & 0 & 1 & Z_m & X_m & Y_m & 0 \end{bmatrix} \begin{bmatrix} \mathrm{d}\Delta X \\ \mathrm{d}\Delta Y \\ \mathrm{d}\Delta Z \\ \mathrm{d}\Delta\lambda \\ \mathrm{d}\Delta\Phi \\ \mathrm{d}\Delta\Omega \\ \mathrm{d}\Delta K \end{bmatrix} - \begin{bmatrix} l_X \\ l_Y \\ l_Z \end{bmatrix} \tag{2.66}$$

解求七个绝对定向元素，至少需两个平高控制点和一个高程控制点。

2.3.5 技能训练

为掌握立体镜立体观察的方法和数字模型立体观察过程中视差的调节方法，需要在数据处理前进行航天远景教学系统软件的安装和立体观察。

1. 软件安装

① 安装 VC++ 运行库，点击右键，以管理员身份运行，点击"下一步"，直到完成。

② 安装航天远景教学系统，默认安装设置即可，如图 2.56 所示。

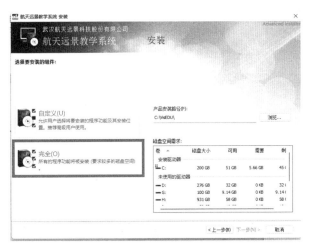

图 2.56 安装航天远景教学系统

安装完成后，在桌面上找到"HAT 教学系统"图标，右键点击"打开文件位置"，找到"PMO"文件夹中的 PMO.exe，如图 2.57 所示，点击右键，选择发送到桌面快捷方式。

同时，在该路径下找到 ps143 文件夹中的 photoscan.exe，如图 2.58 所示，点击右键，选择发送到桌面快捷方式。

图 2.57　找到 PMO

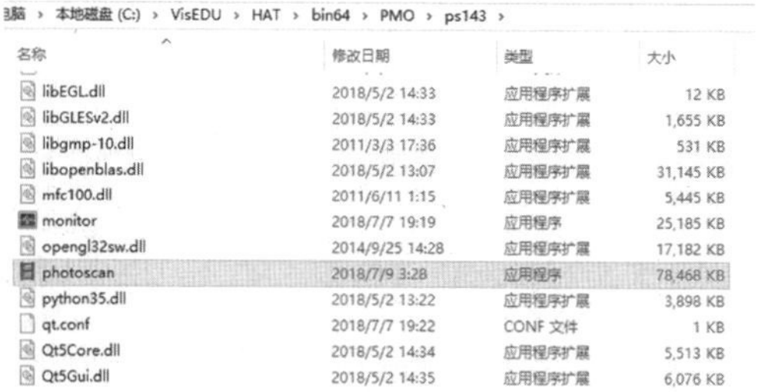

图 2.58　找到 photoscan

③ 安装 PATB 平差软件。

运行 PATBINST.exe(见图 2.59),点击"下一步",直到安装完成。

这时会提示是否重启电脑,选择不重启。

打开 patb32 文件夹,将里面的文件复制到 patb 的安装目录下,如图 2.60 所示。

图 2.59　安装 PATB 平差软件

图 2.60　PATB 文件替换

④ 安装加密狗驱动。以管理员身份运行"InstWiz3.exe",依次点击"下一步",直到安装完成,如图 2.61 所示。

图 2.61　安装加密狗驱动

⑤ 安装网络狗许可工具。以管理员身份运行安装文件,安装好后点击"立即体验",打开许可工具,检查网络加密锁正常,软件即可使用,如图 2.62 所示。

图 2.62 安装网络狗许可

2. 立体设置

① 安装 NVIDIA 显卡驱动。选择自定义安装,执行清洁安装,如图 2.63 所示。

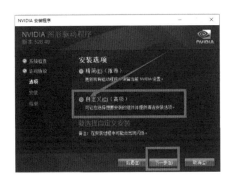

图 2.63 安装 NVIDIA 显卡驱动

② 安装 NVIDIA 3D 发射器驱动。

此电脑→右键"管理"→设备管理器→其他设备 NVIDIA stereo controller→右键"更新驱动程序"→浏览我的电脑→浏览→指定路径到 NV3DVisionUSB. Driver→点击"下一步"。

③ 在桌面上点击右键→选择显示设置→高级显示设置,设置监视器屏幕刷新频率为 120Hz。在点击"应用"按钮后会弹出对话框,点击"保留更改",最后点击"确定",如图 2.64 所示。

④ 在桌面上点击右键→选择 NVIDIA 控制面板→管理 3D 设置,启用立体,设置立体显示模式为"通用活动立体格式",选择屏幕刷新频率为 120 赫兹,如图 2.65 所示。

图 2.64 设置屏幕刷新频率

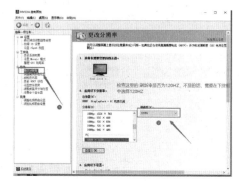

图 2.65　管理 3D 设置

3. 立体观察

① 准备好航天远景教学系统的测试数据 check 文件夹,如图 2.66 所示。

图 2.66　测试数据 check

② 打开软件 mapmatrix,加载 mm 工程,如图 2.67 所示;点击 fdb,点击右键后选择数字化,启动 FEATUREONE 软件;任选一个像对,点击右键后执行"实时核线像对";按空格键,给定高程值,滚动鼠标滚轮,戴上立体眼镜观察立体影像。

图 2.67　立体观察

🔗 课后习题

1. 如何根据成图比例尺来确定合适的摄影比例尺？

2. 航空摄影的基本条件有哪些？

3. 什么是绝对航高？什么是航向重叠度和旁向重叠度？什么是摄影比例尺？它们如何计算？

4. 航空摄影任务委托书的主要内容有哪些？航摄技术计划的主要内容有哪些？

5. 航空摄影有哪些要求？

6. 摄影测量中常用的坐标系有哪些？

7. 什么是航摄像片的内方位元素、外方位元素,它们分别有何作用？

8. 什么叫共线方程？它在摄影测量中有何应用？

9. 什么叫像点位移？它是由什么原因引起的？

10. 空间后方交会的目的是什么？解求中有多少未知数？至少需要已知几个地面控制点？

11. 什么是航摄立体像对？

12. 什么是立体像对空间前方交会？

13. 利用空间前方交会计算地面坐标的步骤有哪些？

14. 什么是解析法相对定向和解析法绝对定向？

项目 3　像片控制测量

教学目标

1. 掌握像片控制测量的布点方案及布设要求。
2. 掌握像片控制点的测量方法、实地选刺。

思政目标

本项目通过教授像片控制点布设和测量的原理及方法，激发学生的学习兴趣，培养其勇于探索、追求卓越的创新精神，一丝不苟、精益求精的工匠精神，以及爱岗敬业、团结协作的团队精神。

项目概述

像片控制测量是航空摄影测量中的重要环节，其目的在于通过实地测量确定像片控制点的平面坐标和高程，为后续的空中三角测量、测图定向等工序提供精确的基础数据。这些控制点数据对提高测绘成果的精度和可靠性具有重要作用。项目 3 以项目 2 中的测区为例，主要讲述基于××地图平台获取测区影像后，如何根据航摄规划、测区地形特征以及像控点布设原则，完成测区的像控点布设及测量工作。

1. 任务

(1) 像片控制点的布设。

(2) 像片控制点的测量。

2. 已有资料

(1) 2 个高等级控制点。

(2) ××省连续运行基准网及综合服务系统（CORS）。

(3) GNSS 接收机。

(4) GNSS 数据处理软件。

利用航摄像片进行信息处理，要有一定数量的控制点作为数学基础。这些控制点不但要在实地测定坐标和高程，而且它们的数量和它们在像片上的位置要符合像片信息处理的需要。因此，在已有大地成果和航摄资料的基础上，需要在野外测定一定数量的控制点，这项工作就是摄影外业控制测量。它的意义在于把航摄资料与大地成果联系起来，使像片量测具有与地面测量相同的数学关系。

像片控制测量是指在实地依据若干已知国家平高控制点，按照航测内业的需要，在航摄像片规定位置上选取一定数量的点位，利用外业仪器测定出这些点的平面坐标和高程，并在像片上标示出点位的工作。像控点（即像片控制点）是直接为摄影测量加密和测图需要，在实际测定平面坐标和高程的控制点。控制像片是标绘控制点和选择加密点位的像片。内业纠正和测图所需要的控制点可以用两种方法获得:一种是采用全野外布点方案,即全部由野外测定;另一种是采用非全野外布点方案,即少量由野外测定,多数由内业加密取得。

像片控制测量的作业流程如下:

① 制订像控布测计划;

② 像片刺点、实地踏勘选点;

③ 外业观测,计算得到控制成果表;

④ 制作像控点点之记。

任务 3.1 像片控制点的布设

3.1.1 像片控制点的分类

航外控制测量将像片控制点分为以下三种:

① 平面控制点,只需测定点的平面坐标,用 P 表示。

② 高程控制点,只需测定点的高程,用 G 表示。

③ 平高控制点,需测定点的平面坐标和高程,用 N 表示。

3.1.2 布点的一般原则和位置要求

航外像片控制点的布设不仅与布点方案有关,而且必须考虑航测成图的特点,即考虑在航测成图过程中像点量测的精度、绝对定向和各类误差改正对像片控制点具体点位的要求。因此,航外像片控制点布设应遵循以下一般原则,满足下列位置要求。

(1) 一般原则

① 像控点一般按航线全区统一布点,可不受图幅单位的限制。

② 布在同一位置的平面点和高程点,应尽量联测成平高点。

③ 相邻像对和相邻航线之间的像控点应尽量公用,当不能公用时,则须分别布点。

④ 位于自由图边(测区的边界线)或非连续作业的待测图边的像控点,一律布在图廓线外,确保成图满幅。

⑤ 像控点尽可能在摄影前布设地面标志以提高刺点精度,增强外业控制点的可靠性。

⑥ 点位必须选择在像片上的明显目标点。

(2) 位置要求

① 像控点一般应布设在航向三片重叠中线和旁向重叠中线附近,困难时可布在航向重叠范围内。在像片上,像控点应布在标准位置上,即像主点垂直于方位线的直线附近。

② 距像片边缘不得小于 1cm(18×18)或 1.5cm(23×23)。

③ 像控点距像片压平线和各类标志一般不小于 1mm。

④ 旁向重叠较小(<15%)使相邻航线的点不能公用时,可分别布点,两控制点之间裂开的垂直距离应小于 1cm,困难时不得大于 2cm。

⑤ 点位应选在旁向重叠中线附近,离开方位线的距离大于 3cm(18×18)或 4.5cm(23×23)时应分别布点。

像控点布设如图 3.1 所示。

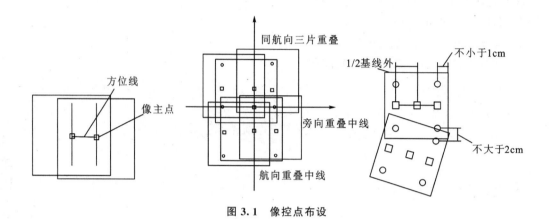

图 3.1   像控点布设

3.1.3   布点方案

在航摄像片上确定航外控制点的分布、数量和性质等各项内容叫作像片控制测量的布点方案。像控点的布设方案主要根据像片比例尺、航摄质量、成图比例尺、测区地形、成图精度、基本等高距、成图方法、内业仪器设备等因素综合制订。在航测成图中按照外业控制点的作用,布点方案分为全野外布点方案和非全野外布点方案。

1. 全野外布点方案

全野外布点方案是像片控制点全部由外业测定。这种布点方案精度高,但外业控制测量的工作量大。全野外布点方案常用于有特殊要求及特殊地形的情况,例如测图精度要求高的测量,地面测量条件良好,或者小面积测图时使用。

用于像片纠正的布点方案有以下两种。

① 隔片纠正布点:隔号像片的测绘区域的四角各布设一个平面控制点,如图 3.2 所示。

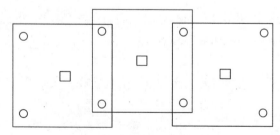

图 3.2   隔片纠正布点

② 每片纠正布点,其实施方式如图 3.3 所示。

2. 非全野外布点方案

在野外只布设少量控制点,室内利用摄影测量加密的方法及解析空中三角测量法获取所需加密点的地面坐标称为非全野外布点方案。这种布点方案可以减少大量的野外工作量,提高作业效率,充分利用航空摄影测量的优势,是现代生产部门主要采用的一种布点方案。作为加密基础的外业控制点,其精度高、位置准确、成果可靠,而且满足不同加密方法提出的各项要求。

(1) 航线网布点

航线网布点应满足航带网的绝对定向及航带网变形改正的要求。

六点法:标准布点形式,适用于山地及高山地的测图。按每段航带网的两端和中央的像主点,在其上下方向上旁向重叠范围内各布设一对平高点,如图3.4所示。

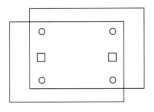
图 3.3 每片纠正布点

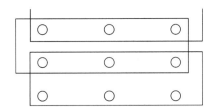
图 3.4 六点法

八点法:在每段航带网布设八个平高点,如图3.5所示。

五点法:适用于当某段航带网的长度不够最大允许长度的 3/4,而又超过 1/2 的短航带网,在航带网中央的像主点上方或下方或附近只布设一个平高点,如图3.6所示。

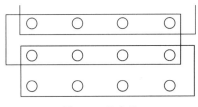
图 3.5 八点法

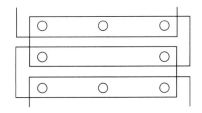
图 3.6 五点法

(2) 区域网布点

一般只在区域网的四周布设平高点,中间多加一个高程点,如图3.7所示。

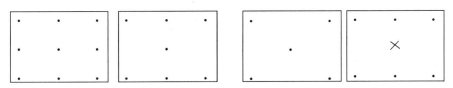
图 3.7 区域网布点

当像片的重叠度过小时,应在重叠部分增设高程点。

采用光束法区域网平差时,通常是平高点与高程点间隔布设,为了加强布点的可靠性,关键部位布设双平高点,如图 3.8 所示。

当采用 GNSS 进行像片联测时,也会在区域网的四周密集地布设平高点。

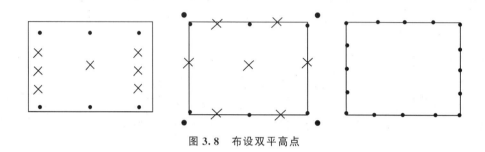

图 3.8　布设双平高点

3.1.4　技能训练

结合项目精度要求及测区特点采用全野外布点方案,在像控点布设时满足以下要求:

① 测区为规则的四边形区域,像控点布设时采用规则矩形布设方案。

② 满足 1∶2000 成图精度,像控点布设方式为沿湖四周堤附近每隔 500～1000 m 布置一对像控点。

③ 测区的像控点全部布设为平高点,以字母"N"冠名,点号遵循"从北至南、从西至东"的排序原则。

④ 综合上述要求,测区布设 26 个像控点,航飞区域内 4 个角各 1 个,沿湖 12 个,其余区域均匀布设 10 个,像控点布设方案如图 3.9 所示,其中飞机标记为像控点位置。

图 3.9　像控点布设方案

任务 3.2 像片控制点测量

3-2 像片控
制点测量

3.2.1 像片控制点的实际选定

在室内拟定像片控制点联测计划后,就已经在像片上确定了这些控制点的大概位置,但要在实地测定这些控制点的坐标和高程,以提供内业加密和测图使用,还必须在实地找到这些控制点的相应位置,即到实地落实联测方案并最后选定控制点。另外,在像片上,室内预选的像控点和在已有地形图上室内拟订的联测方案,都只是主观计划的,不一定能符合实际的情况。必须到野外去,对预选的控制点——实地核实确定,对拟定的联测方案的可行性——现场落实,对存在的问题就地纠正。

实地选点时应着重考虑以下问题:

① 勘察已知控制点,以熟悉测区已知控制点的情况。

② 根据像片上预选控制点的影像,经实地判读反复对照,辨识出所预选的像控点在地面的位置,并核对点位是否符合刺点目标的要求,以及摄影后刺点目标有无变动和破坏。

3.2.2 刺点目标的选择要求

为保证刺点准确和内业量测精度,应根据地形条件和像片控制点的性质,对刺点目标进行选择,以满足规范要求。

平面控制点的刺点目标,应选在影像清晰、能准确刺点的目标上。一般应选择在线状地物的交叉点或地物拐角上,如道路交叉点、固定田角、场坝角等。此时线状地物的交角或地物的拐角应为 $30°\sim150°$,以保证交会点能准确刺点。在地物稀少地区,也可选在线状地物端点即尖山顶和影像小于 0.3mm 的点状地物中心。弧形地物和阴影等均不能选作刺点目标。这是因为摄影时的阴影与工作时的阴影不一致,在弧形地物上不易确定其准确位置。

高程控制点的刺点,目标应选在高程变化不大的地方,一般应选在地势平缓的线状地物的交会处,如地角、场坝角;在山区常选在平山顶级坡度变化较缓的圆山顶、鞍部等处。狭沟、太尖的山顶和高程变化急剧的斜坡等,不宜选作刺点目标。

森林地区由于选刺目标比较困难,一般可以选刺在没有阴影遮盖的树根上,或者选择在高大突出、能准确判断的树冠上。在沙漠、草原等选点困难的地区,也可以灌木丛、土堆、坟堆、废墟拐角处、土堤、窑等作为选刺点的目标。当控制点在树冠上或刺点位置上有植被覆盖,且像片上看不清地面影像时,应量测植被高度至分米。若航摄的测图时间较长,植被增长较快,还应调查注记摄影时的植被高度。

平高控制点的刺点目标,应同时满足平面和高程的刺点要求。

3.2.3 实地刺点

野外控制点的目标选定后,应根据像片上的影像,在现场用刺点针把目标准确地刺在像片上,刺点的精度直接关系到航摄内业加密成果的精度和在仪器上测图的精度。

刺点时要注意以下几点:

① 选择所有相邻像片中影像最清晰的一张像片用于刺点;

② 刺孔要小,但要刺透,刺孔直径最大不得超过 0.1mm;

③ 平面和平高控制点的刺点偏离误差,不得大于像片上的 0.1mm;

④ 对于每个像控点,一般只在一张像片上有刺孔;

⑤ 一个控制点在像片上只能有一个刺孔,不能有双孔,以免内业无法判断;

⑥ 在像控点野外选刺时,还需要将测区内所有国家等级的三角点、水准点、图根点等刺出;

⑦ 一个人刺点,一个人检查,均需签名,并签注日期;

⑧ 自由图边的像控点,由专职人员现场检查,并签注姓名、日期。

3.2.4 刺点说明和刺点略图

控制点虽有刺孔指示点位,但由于地物影像非常细小,当地物与地物紧靠在一起或点处于复杂地形中时,内业量测难以分辨其具体位置,往往造成错判。像控点在刺点后必须根据实际情况加以简要说明,说明和略图用黑色铅笔,一律写在像片反面,称为控制点的反面整饰。在像片反面控制点刺点位置上,以相应的符号标出点位、注记点名或点号及刺点日期,刺点者、检查者均应签名,以示负责。点位说明应简明扼要、准确清楚,同时与所绘略图一致。刺点略图应模仿正面影像图形绘制,与正面影像的方位、形状保持一致。

3.2.5 野外像控点的正面整饰和注记

刺在像片上的野外控制点(连同三角点、水准点等)除进行反面整饰和注记外,还需要用彩色颜料在刺孔像片的正面进行整饰和注记。用针孔规定符号标出点位(对不能精确刺孔的点和符号,用虚线绘出),用分数形式进行注记,分子为点号和点名,分母为该点的高程。

3.2.6 像片控制点的联测

像片控制点的联测是测定像控点所对应地面点的地面坐标。测量控制点的平面坐标通常采用 GNSS-RTK、电磁波测距导线、交会引点等方法,其测量精度应符合规范的相关规定。测定像片控制点的高程通常采用测图水准仪、电磁波测距高程导线、GNSS 高程等方法,其测定精度应符合规范的相关规定。采用区域网布设像控点时,像控点的间距根据用途比例尺与像片比例尺的不同而不同,一般平均在 0.5~20km;采用 E 级 GNSS 网的作业要求进行像控点联测,可以达到各种比例尺的航测成图对像控点的要求。采用 GNSS 方法联测像控点不受地形条件的影响,不要求点间通视,同时可跨等级布设;可不区分平高点和高程点,同时获得平面和高程成果,不需要每点都用水准仪或三角高程联测,节约了时间,提高了工作效率,因此,GNSS 技术在像片控制点的联测方面应用较广。

GNSS 像控点联测的步骤如下:

① 仪器的选用:一般载波型单频、双频 GNSS 接收机,其标称精度均能满足 E 级 GNSS 网观测要求。

② GNSS 像控点布设:根据 E 级 GNSS 网的布网要求及起算点和像控点的分布,布设 GNSS 网。网中应联测三个以上的国家三角点,考虑到 GNSS 高程拟合的需要,在网的四周和中心至少应联测五个等外水准以上等级的水准点作为高程的起算点。

③ GNSS 观测:观测之前根据设计网形以及卫星可见性预报表选择合适的观测时间段,设定好仪器的各项参数。根据区域网中基线长度及 GNSS 接收机的性能,确定基线应观测的时间长度。采用快速动态测量和静态测量相结合的模式进行同步观测。观测中,要严格对中、整平仪器。

④ 数据处理:采用随机或商用软件对外业观测数据及时进行处理和备份,对全部观测结果进行平差计算。

⑤ 高程计算:利用控制网中的水准点或联测了水准的三角点为起算点进行高程拟合,其拟合精度主要取决于高程起算点的精度、起算点的分布状态及高程拟合的数学模型。一般高程起算点应选择在网的外围及中央且均匀分布,拟合模型应采用平面或曲面拟合。

总之,根据不同的图比例尺、像片比例尺和不同的处理方法,根据测区内的地形,按区域网布点的作业要求,可将测区划分为作业区,分别布设像控点 GNSS 控制网,其解算结果(不论是平面还是高程)均能达到精度要求。

对于 1:500 的大比例尺航测成图,为了提高精度,有时也采用 GNSS 进行首级平面控制和像控点联测,同时按 GNSS 的 C 级平面控制网布设,像控点布设采用平高区域网,按航向 3~4 条基线布设一个平高点,每隔一条航线布设一个相应的高程点,在区域网四角,布设双平高点。对于选刺点困难的地区,如由沙滩、陡壁、森林植被等构成的海岸线立体死角及航摄裂缝地带无法构成立体等死角地区,可分别采用单航线布点等方案以提高加密精度。

3.2.7 像控点联测的 GNSS 方法与常规方法比较

GNSS 方法联测像控点与常规方法相比具有以下优越性:

① GNSS 方法联测像控点不受地形条件的影响,不要求点间通视,这对不通视的像控点来讲,无疑是最佳方案,特别是对阻闭地区或距基础控制点较远的地区,更显示其明显的效率。

② GNSS 方法联测像控点可跨等级布设。对于大比例尺成图而言,一般常规方法的作业程序是进行基础等级控制测量、像片刺点、确定联测方案、像控点联测、加密计算、形成 DEM 等,作业工序环环相扣,不可颠倒。当利用 GNSS 进行像控点联测时,可直接用测区内或测区外的国家等级控制点作为起算点,布设像控级 GNSS 网,测得像控点坐标即可进行加密计算、成图等,可将基础等级控制安排在作业过程中的任何时间进行,作业工序较为灵活,并且对于国家控制点距测区较远或不需要基础等级控制的测区来说,将节省大量的人力、物力和财力。

③ GNSS 方法联测像控点的精度良好,常规方法联测像控点的精度受基础等级控制点的精度、作业人员的素质、地形、气象等诸多因素的影响,且精度因各点情形而异,GNSS 作业过程自动化,很少受人为因素的影响,量测成果可靠、精度良好。

④ GNSS 方法联测像控点可不区分平高点和高程点,同时获得平面和高程成果,而且无须每点均用水准或三角高程联测。用 GNSS 代替测图水准,大大减少了水准测量和三角高程

测量的工作量。

⑤ GNSS方法联测像控点不仅从时间上、从经济效益上,而且在作业人员的劳动强度等方面均远优于常规联测方法,节省了大量前道工序的时间,保证了以最快速度满足用户用图的需要,极大地提高了工作效率。

与常规的方法比较,尽管GNSS像片联测法显示其独特的优点,但仍然不能为区域网建立实时地面控制,尤其是在崇山峻岭、戈壁荒滩等难以通行的地区,作业人员的劳动强度依然很大。所以,利用GNSS获取摄站三维坐标以便实现辅助空中三角测量,大量减少摄影测量外业作业甚至完全免去地面控制点,才是摄影测量工作者追求的目标。

3.2.8 控制点接边

控制测量结束后,应及时与相邻图幅和区域进行控制接边。控制接边主要包括以下内容:

① 本幅和本区如需使用邻幅与邻区所测的控制点,需检查这些点是否满足本幅和本区的各项要求,如果符合要求,则将这些控制点转刺到本幅和本区的控制像片上,同时将成果转抄到计算手簿和图历表上。本幅和本区的控制点提供给邻幅与邻区使用,按同样的程序和方法转刺、转抄成果。

② 自由图边的像片控制点,应利用调绘余片进行转刺并整饰,同时将坐标和高程等数据抄在像片背面,作为自由图边的专用资料上交。

③ 接边时应着重检查图边上或区域边上是否因布点不慎产生了控制裂缝,以便补救。

④ 所有观测手簿、测量计算手簿、控制像片、自有图边以及接边情况,都必须经过自我检查和上级部门检查验收,经修改和补测合格,确保无误后方可上交。

3.2.9 技能训练

像片控制测量工作主要包括平面控制测量、高程控制测量。平面控制测量采用CGCS2000坐标,中央子午线111°三度分带。高程控制测量采用1985国家高程基准,等高距为1m。采用××省连续运行基准网及综合服务系统(CORS)进行网络RTK测量方法。CORS系统实时定位的外符合检测中,平面定位精度为±1.8cm,大地高精度达到±4.3cm。

1. 平面控制测量

(1)控制点获取
项目开工前,××市水利局提供了测区范围内两个控制点。
(2)外业观测
为保证控制点的准确,工作人员对提供的控制点进行检查。GNSS网观测采用7~8台大地型接收机进行施测,仪器经××省测绘仪器鉴定中心鉴定,鉴定结果为合格。

外业采用E级GNSS静态定位作业模式进行。采用网(边)连式布网,保证有足够的多余观测量和重复观测量。技术指标如表3.1所示。

表 3.1　测量工作技术指标

项　　目	指　　标
级别	E
卫星截止高度角/°	15
同时观测有效卫星数	≥4
有效观测卫星总数	≥4
观测时段数	≥1.6
时段长度/min	≥40
采样间隔/s	10~30

（3）数据、网平差处理

内业计算采用南方 GNSS 数据处理软件进行处理。

外业观测数据通过基线解算软件进行初步处理，获得基线解算结果，然后进行重复基线检验、同步环闭合差检验和异步环闭合差检验。重复基线较差、同步环进度、异步环进度均满足《全球导航卫星系统（GNSS）测量规范》（GB/T 18314—2024）的进度限差要求。

达到精度的基线网通过 GNSS 进行网平差计算。首先，在 WGS-84 坐标下对 GNSS 网进行三维无约束平差，得到各点的 WGS-84 三维坐标、各基线向量三个坐标差观测值的改正数、基线长度、基线方位及相关的精度信息。基线向量改正数的绝对值均未超过 E 级基线长度允许误差的 3 倍。然后加入 E 级已知点坐标进行约束平差，得出各点 CGCS2000 坐标系下的成果。

（4）精度统计

E 级 GNSS 网相邻点基线精度统计表如表 3.2 所示。

表 3.2　E 级 GNSS 网相邻点基线精度统计表

网名	E 级 GNSS 网相邻点基线分量中误差	
	水平分量/mm	垂直分量/mm
××湖范围	20	18.7
限差	20.4	23.2

在基线数据处理过程中，相邻点基线分量中误差超过 GNSS 网相邻点基线分量中误差的，应全部进行剔除。

像控点相对于邻近等级控制点的点位中误差均不大于图上 0.1mm。

像控点的平面坐标采用了网络 RTK 技术测定。作业前均对仪器进行了必要的校核，保证仪器的正常作业。

2. 高程控制测量

依据技术规范，RTK 高程控制点观测时应采用三脚架对中、正平，采样间隔 2~5s，观测 4

测回,每次控制点的单次观测 10 个历元,各次测量的大地高较差均小于 4cm;高程控制点的单次观测的高程收敛精度均小于 3cm。作业过程中,若出现卫星信号失锁,需进行初始化;每次观测前,流动站都需重新初始化。

数据采集结束后,合格率达到 60% 时,取中数,利用南方测绘 GNSS 数据传输软件进行导出,导出为 WGS-84 大地坐标 BLH,然后经 ×× 省测绘地理信息局数据处理中心将其转换为 1985 国家高程基准成果。

根据测区沿线布置的高程控制点,校验 RTK 测量的像控点高程是否异常,像控点高程中误差不大于 1/10 等高距(等高距 1m)。

像控点的部分点之记如图 3.10 所示。

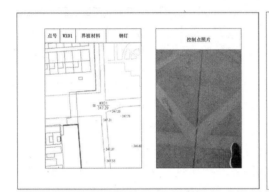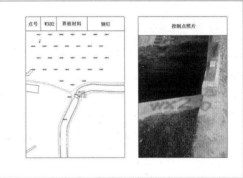

图 3.10　像控点的部分点之记

🔗 课后习题

1. 摄影测量外业工作的任务是什么?
2. 试述摄影测量外业工作的流程。
3. 对像控点在像片上的位置有哪些要求?
4. 像控点布设的一般原则是什么?
5. 什么是全野外布点方案与非全野外布点方案?

项目 4 ▎ 解析空中三角测量

✎ 教学目标

1. 掌握空中三角测量的基本流程。
2. 通过空中三角测量任务理解相关摄影测量理论知识。
3. 熟练使用软件完成空中三角测量任务。
4. 通过质量报告,结合规范要求,评定空中三角测量成果是否满足要求。
5. 会进行空中三角测量成果的整理。

📖 思政目标

本项目通过学习空中三角测量的原理与方法,帮助学生掌握理论知识并提升实践能力,培养学生勤于思考、善于发现问题和解决问题的能力,做到爱岗敬业,做到理论与实践相结合。

◈ 项目概述

本项目仍以项目 2 中的测区为例,在项目 2 和项目 3 已完成外业影像获取及控制点的布设和测量的基础上,进行解析空中三角测量,完成内业数据处理的第一个阶段。

1. 任务

利用航天远景教学系统解析空中三角测量。

（1）资料准备。

（2）匹配同名像点。

（3）像控点转刺。

（4）区域网平差。

（5）工程导出。

2. 已有资料

（1）航天远景教学系统。

（2）测区的影像文件、控制点文件、POS 文件、相机文件。

3. 要求

（1）完成空中三角测量加密,导出工程文件。

（2）检查空中三角测量精度报告,确保成果质量合格。

任务 4.1 解析空中三角测量概述

4.1.1 解析空中三角测量的分类

应用航摄像片测绘地形图必须有一定数量的地面控制点坐标,这些控制点若采用常规的大地测量方法,需要困难的野外作业,在复杂的环境和地形条件下,耗费大量的人力、物力和时间。解析空中三角测量的产生,极大地改变了这种状况。它仅需要少量必要的野外地面控制点,在室内测量出一批测图所需的像点坐标,通过解析的方法,求出它们相应地面点的坐标,供测图使用。这些由像点解求的地面控制点,也称为加密点。

解析空中三角测量按采用的平差模型可分为航带法解析空中三角测量、独立模型法解析空中三角测量和光束法解析空中三角测量;按加密区域分为单航带法解析空中三角测量、独立模型法解析空中三角测量和区域网法解析空中三角测量。单航带法解析空中三角测量以一条航带构成的区域为加密单元进行解算。区域网法解析空中三角测量按照整体平差时所用的平差单元不同,主要分为以下三种:

航带法区域网平差:以航带作为整体平差的基本单元。

独立模型法区域网平差:以单元模型为平差单元。

光束法区域网平差:以每张像片的相似投影光束为平差单元,从而求出每张像片的外方位元素及各个加密点的地面坐标。

4.1.2 航带法解析空中三角测量

单航带航带法解析空中三角测量是常用三种解析加密方法的基础。它利用一条航带内各立体模型的内在几何关系,建立自由航带网模型,然后根据控制点条件,按最小二乘法原理进行平差,并清除航带模型的系统变形,从而求得各加密点的地面坐标。单航带航带法解析空中三角测量是以连续法相对定向构成立体模型为特点的加密方法。

单航带航带法解析空中三角测量的主要解算过程如下:

1. 像点坐标量测与系统误差改正

首先要量测像点坐标,并进行像点坐标系统误差改正,改正时按相应公式进行。系统误差主要受摄影机物镜畸变差、摄影处理、大气折光、底片压平以及地球弯曲等因素的影响。

2. 连续法相对定向建立单个模型

连续法相对定向建立单个模型的特点是选定的像空间辅助坐标系与航带第一张像片的像空间坐标系相重合。这样建立起的航带内各单个模型的像空间辅助坐标系的特点是各坐标轴向都保持彼此平行,模型比例尺各不相同,坐标原点也不一致。以第一张像片为左片,第二张像片为右片,计算第二张像片相对于第一张像片的相对定向元素,然后以第二张像片为左片,第三张像片为右片,求第三张像片相对于第二张像片的相对定向元素(全航带统一以第一张像片的像空间坐标系为辅助坐标系,此时第二张像片在航带里的定向元素已经计算出来了)。如此往复,计算全航带像片相对于像空间辅助坐标系的定向元素。

3. 航带内各立体模型利用公共点进行连接,建立起统一的航带网模型

航带内各单个模型建立之后,以相邻两模型重叠范围内三个连接点的高度应相等为条件,从航带的左端至右端的方向,逐个模型归化比例尺,统一坐标原点,使航带内各模型连接成一个统一的自由航带网模型。

相邻模型间的比例尺不同,必然反映在模型之间公共连接点的相对高程不等上,故可用在考虑航高差之后的公共连接点在前后两模型中的高程应相等来求解比例尺归化系数,将后一模型乘以模型归化系数 k,即可将其比例尺化为与前一模型相同,这样就统一了模型的比例尺。在相对定向中,选定标准点位作为定向点,如图 4.1 所示,图中①、②表示模型编号,1、2、3、4、5、6 代表标准定向点位。模型①中的 2、4、6 点就是模型②中的 1、3、5 点,即两模型中的公共连接点。取模型①中 2 点为例来求取模型比例尺归化因子系数 k,如图 4.2 所示。如果两模型的比例尺一致,则模型①中 M_1 点应与模型②中的 M_2 点重合。

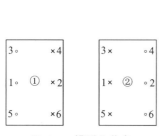

图 4.1　模型公共点

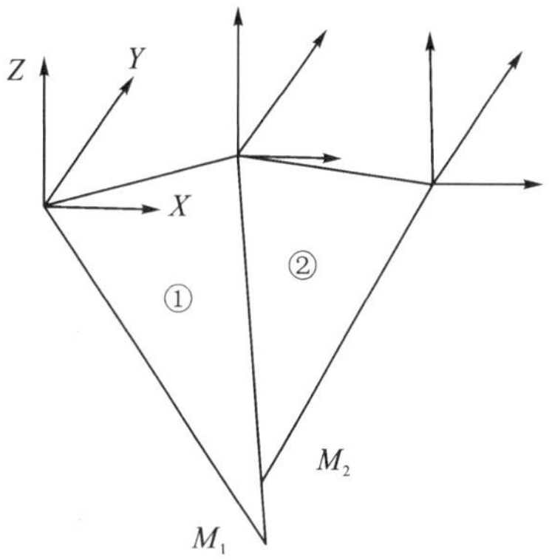

图 4.2　模型比例尺规划

图 4.2 为比例尺不一致的情况,两模型同名点的 Z 坐标之比,定义为比例归化系数 k,即

$$k=\frac{S_1M_1}{S_2M_2}=\frac{(N'w_2)模型1}{(N'w_1)模型2}=\frac{(N'w_1)模型1-b_w}{(Nw_1)模型2} \tag{4.1}$$

为了使模型连接好,作业中常取相对应的 3 个点的比例归化系数,然后取平均,得到后一模型的比例归化系数,这样后一模型中各模型点坐标及其基线分量都乘以归化系数 k,就得到与前一模型比例尺相同的模型点坐标。这时,各模型的比例尺虽然一致了,但各模型的像空间辅助坐标系并未统一,即各模型上模型点坐标的原点不一致。

4. 模型点摄影测量坐标的计算

为了将各模型上模型点坐标纳入统一的辅助坐标系中,各模型需要进行由各自像空间辅助坐标系到全航带统一辅助坐标系的转换计算。第二个模型及以后各模型的摄站点在全航带上的统一坐标值为:

$$\begin{cases} U_{s2}=U_{s1}+kMb_u \\ V_{s2}=V_{s1}+kVb_v \\ W_{s2}=W_{s1}+kMb_w \end{cases} \tag{4.2}$$

第二个模型及以后各模型中的模型点在全航带统一辅助坐标系中的坐标为:

$$\begin{cases} U=U_{s1}+kMNu_1 \\ V=V_{s1}+\dfrac{1}{2}(kMNv_1+kMN'v_2+kMb_v) \\ W=W_{s1}+kMNw_1 \end{cases} \tag{4.3}$$

式中:U、V、W 为模型点坐标;U_{s1}、V_{s1}、W_{s1} 为本像对左摄站的坐标值,均由前一像对模型来求得;u_1、v_1、w_1 为左像点的像空间辅助坐标;v_2 为右像点的像空间辅助坐标;N、N' 为本像对左、右投影射线的点投影系数。

完成上述计算后,可得模型点在统一的辅助坐标系中的坐标值。航带内所有模型完成上述计算,则建成自由航带网。

5. 航带网的概率绝对定向

建立的航带网模型是摄影测量坐标系,还需要根据地面控制点,把摄影测量坐标变换为地面摄影测量坐标,即将整个航带网按控制点的摄影测量坐标和地面摄影测量坐标进行空间相似变换,完成航带网模型的绝对定向,使整个航带网的摄影测量坐标纳入地面摄影测量坐标系中。

6. 航带网的非线性变形改正

航带法区域网平差的任务是在全区域整体解算各条航带模型的非线性改正式的系数,然后利用所求的各条航带模型改正数,求出待定点坐标,进而得到各加密点的地面坐标。在航带模型构建过程中,由于误差积累会产生非线性变形,故通常采用一个多项式曲面来代替复杂的变形曲面,使曲面经过航带模型已知控制点时,所求得的坐标变形值与实际变形值相等或其差的平方和最小。

一般采用的多项式有两种:一种是对 X、Y、Z 坐标分列的二次多项式和三次多项式;另一种是平面坐标改正采用三次或两次正行变换多项式,而高程采用一般多项式。二次多项式和三次多项式改正公式为:

$$\begin{cases} \Delta X = a_0 + a_1 \bar{X} + a_2 \bar{Y} + a_3 \bar{X}^2 + a_4 \bar{X}\bar{Y} + a_5 \bar{X}^3 + a_6 \bar{X}^2\bar{Y} \\ \Delta Y = b_0 + b_1 \bar{X} + b_2 \bar{Y} + a_3 \bar{X}^2 + b_4 \bar{X}\bar{Y} + b_5 \bar{X}^3 + b_6 \bar{X}^2\bar{Y} \\ \Delta Z = c_0 + c_1 \bar{X} + c_2 \bar{Y} + c_3 \bar{X}^2 + c_4 \bar{X}\bar{Y} + c_5 \bar{X}^3 + c_6 \bar{X}^2\bar{Y} \end{cases} \tag{4.4}$$

式中:ΔX、ΔY、ΔZ 为航带模型经概略绝对定向后模型点的非线性变形坐标改正值;$\bar{X}$、$\bar{Y}$ 为航带模型经概略绝对定向后模型点重心化概略坐标;a_i、b_i、$c_i (i=0,1,\cdots,6)$ 为非线性变形多项式的系数。

平面坐标的正形变换公式为:

$$\begin{cases} \Delta X = A_1 + A_3 \bar{X} - A_4 \bar{Y} + A_5 \bar{X}^2 - 2A_6 \bar{X}\bar{Y} + A_7 \bar{X}^3 - 3A_8 \bar{X}^2\bar{Y} \\ \Delta Y = A_2 + A_4 \bar{X} + A_3 \bar{Y} + A_6 \bar{X}^2 + 2A_5 \bar{X}\bar{Y} + A_8 \bar{X}^3 + 3A_7 \bar{X}^2\bar{Y} \end{cases} \tag{4.5}$$

对于式(4.4)、式(4.5)而言,去掉三次项,即得二次项变换公式。

航带模型的非线性改正视实际布设控制点情况确定是采用二次多项式还是采用三次多项式。对航带解析空中三角测量若采用三次多项式作非线性变形改正,则每个式中包含 7 个参数,共计 21 个参数,解算至少需要 7 个平高控制点。

假设采用二次多项式进行航带模型的非线性改正,则控制点的误差方程式为:

$$\begin{cases} -u_X = a_0 + a_1 \bar{X} + a_2 \bar{Y} + a_3 \bar{X}^2 + a_4 \bar{X}\bar{Y} - l_X \\ -v_Y = b_0 + b_1 \bar{X} + b_2 \bar{Y} + b_3 \bar{X}^2 + b_4 \bar{X}\bar{Y} - l_Y \\ -w_Z = c_0 + c_1 \bar{X} + c_2 \bar{Y} + c_3 \bar{X}^2 + c_4 \bar{X}\bar{Y} - l_Z \end{cases} \tag{4.6}$$

其中:

$$\begin{cases} l_X = X - X_G - \bar{X} \\ l_Y = Y - Y_G - \bar{Y} \\ l_Z = Z - Z_G - \bar{Z} \end{cases} \tag{4.7}$$

利用控制点建立误差方程式,建立相应的法方程,求解非线性变形改正式系数 a_i、b_i、c_i ($i=0,1,2,\cdots$),然后利用式(4.4)求解航带模型经概略绝对定向后模型点非线性变形坐标改正值,进而求得模型点的地面参考坐标。最后经过绝对定向方程式的逆变换,得到最终的地面点坐标。

4.1.3　独立模型法解析空中三角测量

独立模型法区域网空中三角测量以每个单元模型为一个独立单元,参与全区域的整体平差计算。每个单元模型被视为一个整体,仅进行平移、缩放和旋转,最终使整个区域内的所有单元模型处于最或是位置。

1. 单元模型的建立

建立单元模型就是为了获取包括地面点、摄影测量加密点和摄影站点等模型点在内的坐标。单元模型可以由一个像对构成,也可以由若干个相邻像对构成。建立单元模型一般采用单独像对法,根据单独像对相对定向误差方程式建立法方程,求解像对的相对定向独立参数。单独像对相对定向完成,即求得了左、右像片的旋转矩阵的独立参数,可将像点的像空间坐标化算为像空间辅助坐标系中的坐标,并计算其模型点坐标。

2. 区域网的建立

相对定向完成后,每个单元模型的像空间辅助坐标系的轴系方向不一致,导致同一地面模型点在相邻单元模型中的坐标值不相同。现在要将各单元模型归化到同一个坐标系中,即建立区域网。

在单元模型归化至统一坐标系的过程中,利用相邻两单元模型间的公共点坐标值应相等的条件,通过后一模型单元相对于前一模型进行旋转、缩放和平移的空间相似变换,把后一单元模型归化到前一模型的坐标系中,依次类推,进行到最后一个单元模型为止,如图4.3所示。经空间相似变换的单元模型,依然保持模型的原来形状和独立性。

3. 全区域单元模型的整体平差

区域网整体平差依然将区域内的单元模型视为整体作为平差单元,按照在整个区域内相邻模型公共点在各单元模型上的坐标相同,以及地面控制点的模型计算坐标和实测坐标相同的原则,依据最小二乘原理,进行旋转、缩放和平移的空间相似变换,确定出每个单元模型在区域中的最或是位置。区域网的建立与整体平差,实际上可用相同的数学模型一次解算完成。

4.1.4　光束法解析空中三角测量

光束法解析空中三角测量以一个摄影光束(即一张像片)作为平差计算基本单元,是较为

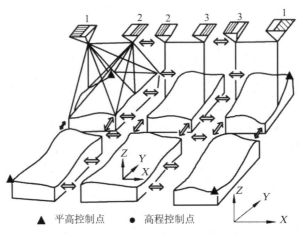

▲ 平高控制点　　● 高程控制点

图 4.3　独立模型构建区域网

严密的控制点加密法,它以共线条件方程为理论基础。

　　光束法解析空中三角测量以摄影时地面点、摄影站点和像点三点共线为基本条件,以每张像片所组成的一束光线作为平差的基本单元,以光线共线条件方程作为平差的基础方程,通过各光束在空中的旋转和平移,使模型之间公共点的光线实现最佳交会,并使整个区域很好地纳入已知控制点的地面坐标系中,如图 4.4 所示。光束法解析空中三角测量区域网平差就是在全区域网平差之前,每张像片的像点坐标都应进行由底片变形、摄影物镜畸变差、大气折光和地球曲率所引起的像点误差改正。

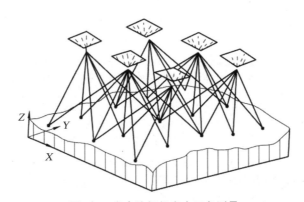

图 4.4　光束法解析空中三角测量

1. 光线束区域网平差概算

　　光线束区域网平差概算的目的就是获取像片的外方位元素和加密点地面坐标系的近似值,其方法主要包括以下几个。

　　① 利用航带法的加密成果:首先,按航带法加密计算一次,得到全测区每个像对所需测图控制点地面摄影测量学坐标。然后,直接用航带法求出各地面点坐标,进行空间后方交会,求出像片的外方位元素。这些值作为光束法解析空中三角测量平差时未知数的初始值,对计算非常有利。

② 利用旧地图:工作量大,又烦琐,故很少使用。

③ 用空间后方交会和前方交会交替进行的方法。

a. 对于单条航带而言,假定航带左侧第一片像片水平、地面水平,且摄站点坐标为(0,0,H),则可计算该像片的 6 个标准像点对应的地面位置。

b. 将第一片像片和第二片像片组成像对,利用前方交会,算出 6 个标准点相对起始面高差,然后修正第一片像片上的标准点坐标值;利用空间后方交会,求得第二片像片相对第一片像片的外方位元素;利用第一片像片、第二片像片两片的外方位元素求得立体像对的地面点近似值,推算出第三片像片主点的近似坐标。

c. 第三片像片可利用像主点坐标和三度重叠内的点,进行空间后方交会,求出第三片像片的外方位元素;用第二片像片、第三片像片外方位元素进行前方交会,求得第二个模型中各点的地面近似坐标。以后各像片用与第三片像片同样的方法求得航带中各像片的外方位元素和各点地面坐标近似值。

d. 利用第一条航带两端控制点进行绝对定向,相邻航带利用航带控制点和相邻公共点对本航带各像片进行空间后方交会,求得各像片方位元素,作为本带各像片外方位元素的概略值。然后进行各像对的前方交会,求得地面点的概略值。依此类推,将全区域各航带上点的地面近似坐标值统一在同一坐标系内。

2. 光束法解析空中三角测量区域网平差的误差方程式和法方程式

(1) 误差方程式的建立

$$\begin{cases} x = -f\dfrac{a_1(X_A-X_S)+b_1(Y_A-Y_S)+c_1(Z_A-Z_S)}{a_3(X_A-X_S)+b_3(Y_A-Y_S)+c_3(Z_A-Z_S)} \\[3mm] y = -f\dfrac{a_2(X_A-X_S)+b_2(Y_A-Y_S)+c_2(Z_A-Z_S)}{a_3(X_A-X_S)+b_3(Y_A-Y_S)+c_3(Z_A-Z_S)} \end{cases} \tag{4.8}$$

将共线方程线性化,此时对 x、y、z 也要偏微分,其误差方程为:

$$v_x = a_{11}\Delta X_S + a_{12}\Delta Y_S + a_{13}\Delta Z_S + a_{14}\Delta\varphi + a_{15}\Delta\omega + a_{16}\Delta\kappa - a_{11}\Delta X - a_{12}\Delta Y - a_{13}\Delta Z - l_x \tag{4.9}$$

$$\begin{cases} U_{s2} = U_{s1} + kMb_u \\ V_{s2} = V_{s1} + kVb_v \\ W_{s2} = W_{s1} + kMb_w \end{cases} \tag{4.10}$$

$$\begin{cases} U = U_{s1} + kMNu_1 \\ V = V_{s1} + \dfrac{1}{2}(kMNv_1 + kMN'v_2) + kMb_v \\ W = W_{s1} + kMNw_1 \end{cases} \tag{4.11}$$

若像片外方位元素改正值 $\Delta\varphi$、$\Delta\omega$、$\Delta\kappa$、ΔX_S、ΔY_S、ΔZ_S 用列向量 $\boldsymbol{X}$ 表示,待定点坐标改正值 ΔX、ΔY、ΔZ 用列向量 $\boldsymbol{t}$ 表示,则某一像点的误差方程式的矩阵表示为

$$\boldsymbol{V} = \begin{bmatrix} \boldsymbol{B} & \boldsymbol{C} \end{bmatrix} \begin{bmatrix} \boldsymbol{X} \\ \boldsymbol{t} \end{bmatrix} - \boldsymbol{L} \tag{4.12}$$

(2) 区域网平差的法方程式

误差方程式按最小二乘法组成法方程式为:

$$\begin{bmatrix} \boldsymbol{B}^{\mathrm{T}} & \boldsymbol{B}^{\mathrm{T}} & \boldsymbol{C}^{\mathrm{T}} \\ \boldsymbol{C}^{\mathrm{T}} & \boldsymbol{C}^{\mathrm{T}} & \boldsymbol{C} \end{bmatrix} \begin{bmatrix} \boldsymbol{X} \\ \boldsymbol{t} \end{bmatrix} - \begin{bmatrix} \boldsymbol{B}^{\mathrm{T}} & \boldsymbol{C} \\ \boldsymbol{C}^{\mathrm{T}} & \boldsymbol{L} \end{bmatrix} = 0 \tag{4.13}$$

通常在解算法方程时先消去 t，利用循环分解法解算 X 值，然后加上近似值，得到该点的地面坐标。光束法解析空中三角测量区域网平差理论严密，易引入各种辅助数据（如由 GNSS 获得摄影中心坐标数据）、各种约束条件进行严密平差，是目前应用广泛的区域网平差方法。航带法区域网平差常用于精度要求不高的情况和获取光束法解析空中三角测量区域网平差值的初值。

任务 4.2　解析空中三角测量实施

从竖直角度拍摄的影像称为竖直影像。传统摄影测量技术就是基于竖直影像解析获取测绘产品的技术方法。虽然近年来倾斜摄影测量技术的应用日趋广泛，但是由于竖直摄影具有技术成熟、速度快、范围广等优点，基于竖直影像的传统摄影测量技术还是不可替代的数据获取方案。

本任务参考《数字航空摄影测量　空中三角测量规范》（GB/T 23236—2024）、《低空数字航空摄影测量内业规范》（CH/T 3003—2021）实施，以航天远景教学系统的数据处理软件 PhotoMatrixOrient（PMO）、无人机稀少控制空三平台 HAT 为例，完成解析空中三角测量的工作任务。解析空中三角测量的工作流程图如图 4.5 所示。

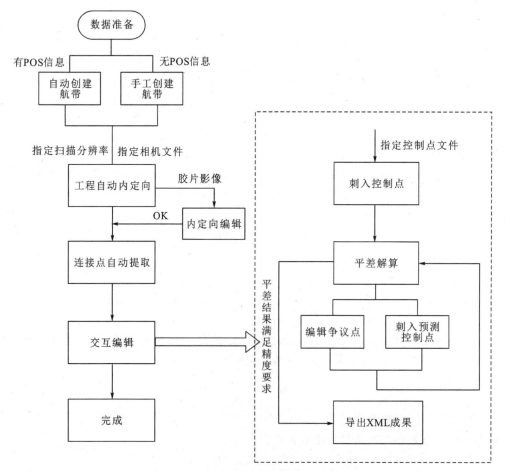

图 4.5　解析空中三角测量工作流程

4.2.1 软件操作

1. 资料准备

（1）准备影像数据、相机文件

影像数据：影像数据源具有多样性，对于任何设备采集和获取的影像数据都支持。

相机文件：一般可以通过相机检校报告获得，主要包括焦距、传感器尺寸、像元大小、像幅等。

（2）制作像控点文件

根据像控点成果表，制作软件所能识别的像控点文件。

（3）制作 POS 数据

根据外业提交的数据 POS.csv，点击"新建 Excle 工作表"→"文件"→"打开"，选择原始数据中的照片数据，如图 4.6 所示。

删除地面试拍数据，点号与影像名一一对应，POS 数据整理如图 4.7 所示。

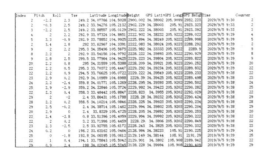

图 4.6 POS 原始数据

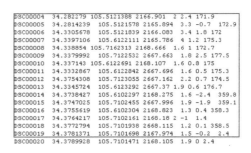

图 4.7 POS 数据的整理

2. 新建工程

① 选择 HAT 快捷方式，结果弹出图 4.8 所示的提示界面。

选择"是"，生成全局视图缩略图及画布视图金字塔；选择"否"，仅生成全局视图缩略图。

② 系统弹出主界面，如图 4.9 所示。

图 4.8 提示界面

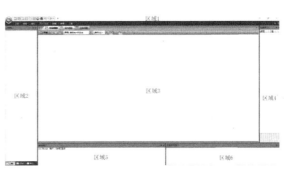

图 4.9 主界面介绍

在图 4.9 中,主界面对话框中各区域说明如下:

a. 区域 1:主工具条、主菜单。

b. 区域 2:工程窗口、点窗口、争议列表窗口。

c. 区域 3:全局视图、画布视图、立体视图。

d. 区域 4:属性窗口。

e. 区域 5:输出窗口。

f. 区域 6:立体选择窗口。

③工程命名。对文件进行命名时,images 和 POS 文件必须是同级目录。

a. 选择区域 1 中的"工程",点击"新建",系统弹出新建工程界面,如图 4.10 所示。

图 4.10　新建工程

b. 在新建工程界面中,指定生产测区的工程名以及保存文件的名称。

④ 加载 POS 文件(POS 文件存放经度、纬度坐标时,创建工程后,每张影像的外方位元素坐标会自动转换为直角坐标),此时需要导入 PMO 模块下使用的 POS 文件,如图 4.11 所示。

说明:导入 POS 数据时,字段匹配情况如图 4.12 所示。

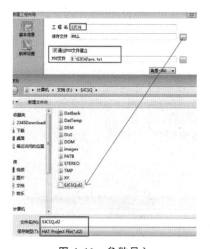

POS...	纬度	经度	Z	Ome...	Phi	Kappa
DSC...	34.382...	105.712...	2166...	2	2.4	171.9
DSC...	34.381...	105.712...	2165...	3.3	-0.7	172.9
DSC...	34.380...	105.712...	2166...	3.4	1.8	172
DSC...	34.379...	105.712...	2165...	4	1.2	175.3
DSC...	34.378...	105.712...	2168...	1.6	1	172.7
DSC...	34.377...	105.712...	2167...	1.8	2.5	177.5
DSC...	34.377...	105.712...	2168...	1.6	0.8	175
DSC...	34.376...	105.712...	2167...	1.6	0.5	175.3
DSC...	34.375...	105.712...	2167...	2.2	0.7	174.5
DSC...	34.374...	105.712...	2167...	1.9	0.6	176.7
DSC...	34.373...	105.710...	2168...	1.6	-2.4	359.8
DSC...	34.374...	105.710...	2167...	1.9	-1.9	359.1

图 4.11　参数导入　　　　　　　　　图 4.12　POS 匹配参数

⑤ 对所标记的字段进行匹配,指定完所有参数,点击对话框的"确定"按钮,系统将保存新建工程。

选择工程名称,右击"影像管理"→"刷新 ID",查看航带的正确性,如图 4.13 所示。

⑥ 设置扫描分辨率,如图 4.14 所示。

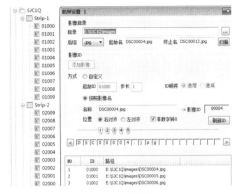

图 4.13 刷新 ID

图 4.14 设置扫描分辨率

⑦ 内定向。执行内定向前必须设置好扫描分辨率、相机文件参数,数码影像只需执行命令(自动内定向),内定向可实现扫描坐标到像片坐标的转换。

a. 点击"参数"菜单,选择"相机文件"→"相机参数编辑"→"导入",选择 camera. txt 文件,如图 4.15 所示。

图 4.15 相机报告选择

此时选用的相机文件为 PMO 模块下自动生成的文件报告,参数如图 4.16 和图 4.17 所示。

图 4.16 相机参数编辑

图 4.17 畸变差参数

b. 点击"确定",弹出图 4.18 所示的对话框:点击"是"就会执行自动内定向,点击"否"则不执行。说明:执行内定向的前提是已指定扫描分辨率和相机文件参数。

　　c. 内定向成功显示,如图 4.19 所示。

图 4.18　内定向

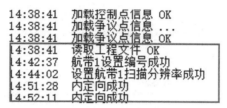

```
14:38:41   加载控制点信息 OK
14:38:41   加载争议点信息 ...
14:38:41   加载争议点信息 OK
14:38:41   读取工程文件 OK
14:42:37   航带1设置编号成功
14:44:02   设置航带1扫描分辨率成功
14:51:28   内定向成功
14:52:11   内定向成功
```

图 4.19　内定向成功

3. PMO 模块下生成金字塔并匹配同名像点

　　自动选取连接点并组成测区的整体自由网是无人机摄影测量生产中必不可少的过程,其核心算法是对测区中的每一张影像用特征点进行提取,选取均匀分布的明显特征点,通过影像自动匹配得到测区中所有与其重叠影像上的同名点,形成空中三角测量连接点之后,使用光束法平差算法对连接点进行平差解算,将所有影像相互连接起来,形成测区整体自由网。

　　(1) 数据准备

　　PMO 数据准备如图 4.20 所示。

图 4.20　PMO 数据准备

　　(2) 工程建立

　　① 双击"PMO"[PM],系统弹出图 4.21 所示的界面。

输入影像路径和 GPS 路径,完成工程建立。

　　② 点击"开始处理",进行同名像点匹配,过程如图 4.22 所示。

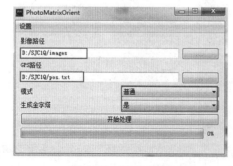

图 4.21　PMO 界面

图 4.22　生成金字塔并匹配同名像点

　　③ 软件在自动匹配同名像点的过程中会直接调用 PATB 进行自由网平差(PATB 平差

软件存放路径:C:\Program Files (x86)\PAT)。

点击"确定",系统会执行自动粗差剔除处理,此步骤可进行多次,如果有递减的趋势,则测区合适,如图4.23所示。

点击"确定"按钮,转点进度达到100%时完成,如图4.24所示。

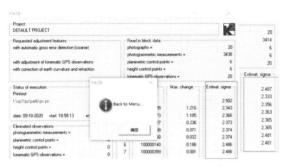

图4.23 像点平差

图4.24 转点结束

(3) 连接点导入

转点生成的相机文件camera.txt在工程目录下。Ps.xml是转点后自动粗差剔除后的Mapmatrix工程文件。

XY文件夹里记录转点结果文件.xy。直接利用"PMO"模块匹配同名像点,同名像点存放路径如图4.25所示。

同名像点如图4.26所示。

图4.25 像点文件

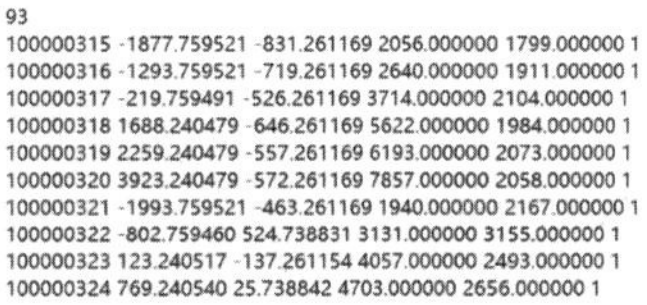

图4.26 同名像点

① 点击"导入\导出"→"导入自动转点成果",如图4.27所示。

图4.27 导入自动转点成果

② 选择"XY"→"确定",如图4.28所示。

③ 在"自动转点成果导入"对话框中,删除影像名后缀,点击"确定",如图 4.29 所示。

图 4.28　XY 文件

图 4.29　"自动转点成果导入"对话框

④ 同名像点导入完成,进入交互式编辑界面,如图 4.30 所示。

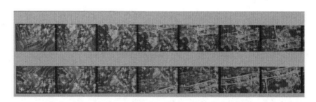

图 4.30　交互式编辑界面

图 4.31 为交互式编辑流程图。

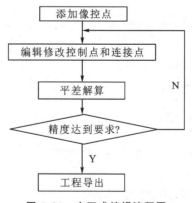

图 4.31　交互式编辑流程图

转点完成后,可在全局视图窗口的"平铺"模式下查看连接点的分布情况。

4. 像控点转刺

(1) 控制点导入

① 制作控制点文件。控制点格式:控制点总数、ID 编号(ID 编号只支持数字)。(见图

4-3 像控点
转刺、平差
调整

84

4.32)控制点坐标使用数学坐标系,X 为东西方向,Y 为南北方向。

② 导入控制点文件。点击"参数"→"控制点文件"→"选择控制点"→"导入",如图 4.33 所示。

```
12
1001 534779.3135  3706179.703  1613.3173
1002 535010.3978  3706177.598  1145.1231
1003 535207.2794  3706219.242  16184.937333
1005 524845.1334  3705842.1842  1638.277633
1006 525008.4106  3705827.9232  1614.247933
1007 525291.0788  3605798.8262  1612.247867
1008 525498.571  3605815.6362  1610.135033
1009 524796.3225  3605425.8532  1130.184533
10010 525062.2378  3605144.532  1133.278533
10011 525305.557  3654328.8622  1610.4241
10012 525497.5068  3605172.629  1618.920867
```

图 4.32 控制点格式　　　　　　　　　　图 4.33 控制点导入

（2）再次设置扫描分辨率

由于之前的操作已经改变了扫描分辨率,所以要重新设置扫描分辨率,进行内定向。

（3）航带调整

选择工程名称,点击"＋"号,展开工程节点,点击查看航带影像,查看重叠度,进行旋转如图 4.34 所示。调整航带可视情况而定。

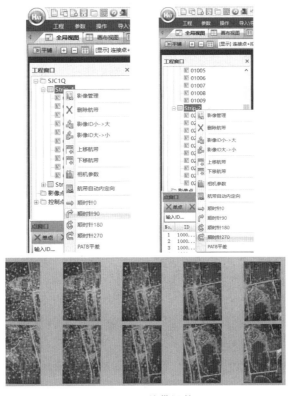

图 4.34 航带调整

（4）人工添加连接点

在全局视图的"平铺"模式下，点击"拾取"按钮 （进入"拾取点"状态），"显示连接线"按钮 处于缺省状态，此时移动鼠标到某影像上的点时，与该点同位置的其他影像上的点被连接线指引显示，执行移动、缩放操作，可查看工程的所有影像上的点，看是否有影像没有连接点或者缺少连接点，若有，需添加连接点，如图4.35所示。

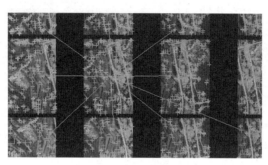

图4.35　连接点查看

人工添加连接点时，点击"补充点锁"（见图4.36），找准点位，左键点击，然后切换至画布视图，进行精确加点，修改ID点号，并将点类型修改为连接点，如图4.37所示。

图4.36　补充点锁

图4.37　连接点查看

（5）像控点转刺

① 像控点的点位必须按像控点点位图（见图4.38）以及像控点实地照片准确刺入。

② 点击刺点按钮，进行所有像控点的转刺，一般先刺测区边角的控制点，刺入至少3个控制点后进行平差，然后将所有控制点转刺完成。

③ 选择"[显示]控制点＋预测控制点"，点击"加点"，左键点击位置2，如图4.39所示。

图4.38　像控点点位图

图4.39　刺点

④ 点击"画布视图"→选择显示比例,找准位置,点击鼠标左键,准确刺点(利用 X 和 C 快捷键进行放大和缩小调节),如图 4.40 所示。

⑤ 为了使所刺位置更加准确,可放大显示比例,如图 4.41 所示。

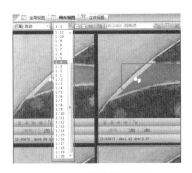

图 4.40　画布视图刺点

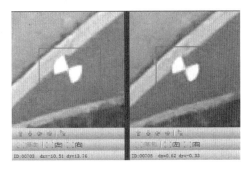

图 4.41　位置查看

⑥ 在"点 ID-类型 修改"对话框中,设置"点 ID""点类型",点击"确定"按钮,如图 4.42 所示。

刺点完成后会在控制点左侧显示"＋"号,如图 4.43 所示。

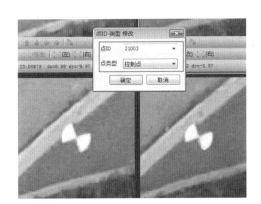

图 4.42　修改点 ID 和点类型

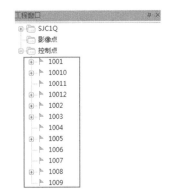

图 4.43　刺点完成后的控制点

5. 区域网平差

区域网平差解算的原理是:将所有观测像点的像坐标作为已知数,观测像点物方坐标、所有影像的外方位参数和内方位参数作为未知数,将所有同名观测点的光线交会于一点为条件列出方程,通过各种数学计算方法求解方程,得到观测像点的物方坐标及影像内、外方位参数和,并指出有问题的同名观测点。

① 点击"PATB 平差"→"平差辅助"(控制点有 POS 信息时可勾选,执行自由网平差有时标文件时需勾选,进行辅助平差,如图 4.44 所示)。

② 设置平差辅助后点击"继续",进入平差菜单(见图 4.45),点击"Features",进入图 4.46 所示的界面:若指定了 POS 信息,需要 POS 参与平差,平差前需要按图 4.46 所示参数设置。若不需要 POS 参与平差,就不勾选该参数。

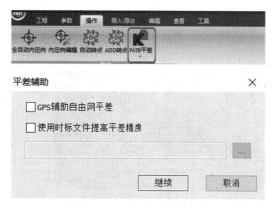

图 4.44 平差设置

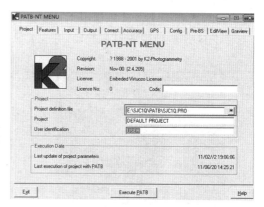

图 4.45 平差菜单

点击图 4.46 所示对话框中的"Execute PATB"按钮,执行平差解算,解算完成后会弹出图 4.47 所示的对话框。

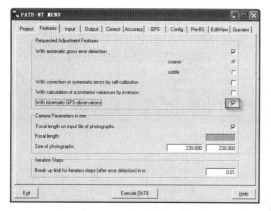

图 4.46 Features 参数设置

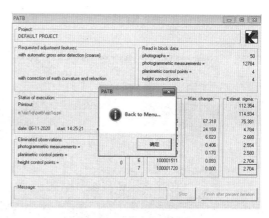

图 4.47 首次执行平差

③ 点击"确定"按钮,回到 PATB-NT MENU 对话框,点击"Accuracy"选项卡,如图 4.48 所示,在左边框像点权值处输入之前解算的 sigma 值,然后再点击"Execute PATB"按钮执行解算,直到解算的 sigma 值与图 4.48 左边框输入的值相近或者一致,退出 PATB 程序界面。

在连接点、争议点都编辑完毕,像点网稳固时再修改图 4.48 右边框控制点的权值(提示:该参数值根据定向精度值设置,单位为米,一般可设置成 0.2,最终取消剔除粗差计算时可设置为 0.01 或更小值以强制拟合输出)。

④ 删除争议点。"争议点窗口"(见图 4.49)显示平差解算后争议点的所有信息。点击"Execute PATB"按钮进行平差,反复进行调整剔除。

平差解算后编辑争议点,继续平差解算,直到没有争议点信息,最后一次平差解算需要勾选"输出验后方差",取消勾选"粗差剔除"(见图 4.50)后再解算,直到计算的 sigma 值与输入的像点权值接近或者一致。如果精度不做过多要求,争议点值满足 2 倍像素即可。

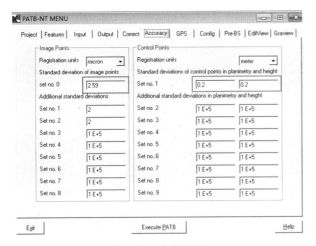

图 4.48　参数设置　　　　　　　　　图 4.49　争议点窗口

⑤ 点击"拼接"→选择点类型显示,选择只显示控制点＋预测控制点,如图 4.51 所示。

图 4.50　平差解算参数设置　　　　　图 4.51　拼接模式

控制点 ID 类型自动获取显示的影像外方位元素值越准确,预测的控制点也越准确。

⑥ 查找". pri"文件(平差报告)。

在存放路径 F:\SJC1QU\PATB 下找到". pri"文件,用记事本打开文件(见图 4.52),查看平差结果,反复调点以剔除粗差,直至精度符合数字航空摄影测量、空中三角测量相关规程规范及国家标准的要求。

6. MapMatrix 工程导出

空中三角测量加密成果格式的转换,可通过导出工程来实现。

点击"导入\导出" →"导出为 MapMatrix 工程" →点击输入成果名称 →保存,导出 MapMatrix 工程,如图 4.53 所示。可根据项目需要,导出 .aps 格式工程。

4-4 工程导出、空三精度检测

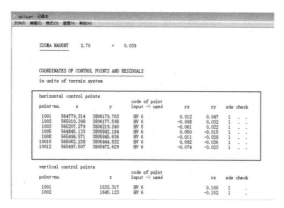

图 4.52　平差结果查看

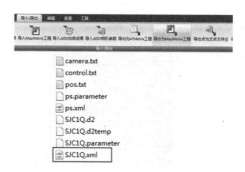

图 4.53　MapMatrix 工程导出

7. 空中三角测量精度检测

使用 MapMatrix. exe 软件检测空中三角测量精度。

① 点击"文件"→加载工程→选择工程文件→"打开",如图 4.54 所示。
系统弹出界面如图 4.55 所示。

图 4.54　新建工程

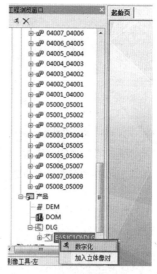

图 4.55　数字化

② 点击"数字化",进入特征采集处理专家界面。

③ 点击"导入"→"导入控制点",系统弹出"导入控制点"对话框,完成设置后,点击"确定"按钮。

④ 点击工具→"检查点精度分析"→"导入参考测试点"(见图 4.57),参考测试点就被导入,如图 4.58 所示。

图 4.56　导入控制点

图 4.57　导入参考测试点

图 4.58　参考测试点

⑤ 点击"采集测试点",找准控制点位置,进行检查,如图 4.59 所示。

⑥ 点击"数据统计",选择文件名,如图 4.60 所示。

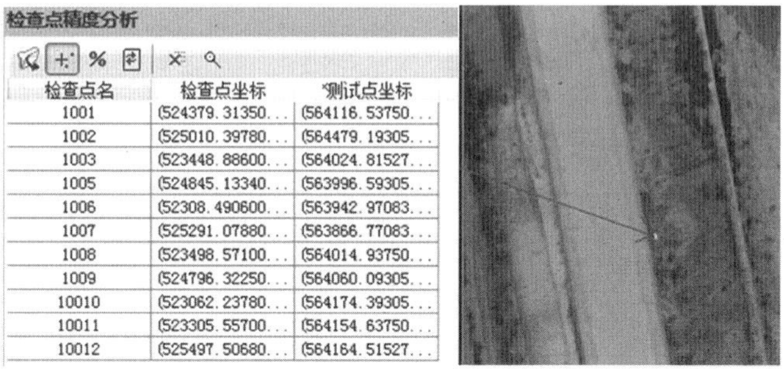

图 4.59　采集测试点

图 4.60　数据统计

⑦ 导出精度检查报告,如图 4.61 所示。

8. 空中三角测量加密成果接边

① 接边数据至少包括两个空中三角测量加密成果,此处以两个空中三角测量加密成果为例进行说明。

② 接边前提:各空中三角测量必须保证精度符合数字航空摄影测量、空中三角测量相关

name	x1	y1	z1	x2	y2	z2	dxy	dz
1001	544779.3135	3606179.7030	1533.3173	568779.3986	3406179.6963	1532.9547	0.0854	0.08626
1005	534845.1334	3605842.1840	1538.2776	584845.1815	3405842.1740	1538.3153	0.0492	0.0376
1008	545498.5710	3605845.6360	1540.1350	585498.5542	3405845.5842	1540.0895	0.0544	0.0455
10010	563062.2378	3605444.5320	1533.2785	585062.3404	3405444.4979	1533.4059	0.01081	0.0274
10012	545497.5068	3605472.6290	1538.9209	585497.3852	3405472.5366	1538.5872	0.01528	0.01637

	min	max	限差
dxy	0.0492	0.08528	0.0977
dz	0.0376	0.0237	0.0381

图 4.61　导出精度检查报告

规程规范及国家标准的要求。

③ 接边方法：

分别导出两个空中三角测量像点文件，本工程点信息都记录在 d2 文件(数据库文件)里，若想将其导出为文本格式，可进行如下操作：

点击"导入\导出"→"导出点为文本文件"(见图 4.62)，选择路径，导出每张影像的点信息文件(*.xy)。

像点导入：点击"导入\导出"→"导入自动转点成果"。

将第一个空中三角测量的像点文件导入第二个空中三角测量中进行平差解算，直至平差结果符合相关规范要求，再将其空中三角测量像点文件导入下一个相邻空中三角测量中进行平差解算，直至平差结果符合相关规范要求，以此类推，完成所有相邻空中三角测量成果的接边。

9. 成果整理与提交

① 空中三角测量加密成果精度要符合数字航空摄影测量、空中三角测量相关规程规范及国家标准的要求。

② 数据整理主要包括以下内容：

a. images 文件夹中存放原始影像；

b. 相机报告文件中存放相机参数；

c. 控制点点位文件中存放像控点成果资料；

d. pos 数据和控制点与 images 同级存放；

e. 精度检测报告；

f. 相关缓存文件和工程文件如图 4.63 所示。

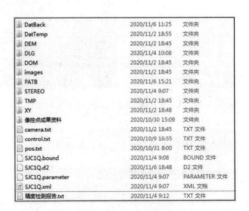

图 4.62　像点导出　　　　　　　　　图 4.63　成果整理

4.2.2 技能训练

1. 资料准备

××项目需准备如下资料,如图 4.64 所示。

① "images"文件夹存放原始影像数据。

② "pos"文件夹存放影像 pos 文件。

③ "相机文件"文件夹存放相机文件。

④ "控制点文件"存放控制点文本文件、像控点点之记(控制点的详细点位图及其说明)等。

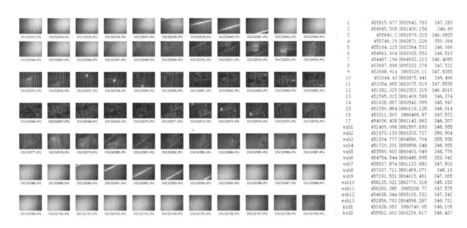

图 4.64 ××项目资料准备

2. PMO 模块下生成金字塔并匹配同名像点

① 工程建立。打开 PMO 软件,指定影像目录、GPS 文件,开始处理,如图 4.65 所示。

② 自由网平差。转点完成,自动调用 PATB 平差,进行粗差剔除处理,如图 4.66 所示。

图 4.65 ××项目 PMO 转点

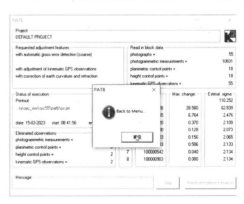

图 4.66 ××项目平差计算

3. 像控点转刺

① PMO 运行结束后,弹出"是否打开金字塔"提示框,选择"是",系统会自动调用 HAT,呈现上一步提取的连接点,连接点为十字丝,可在全局视图、画布视图、立体视图中查看,如图 4.67 所示。

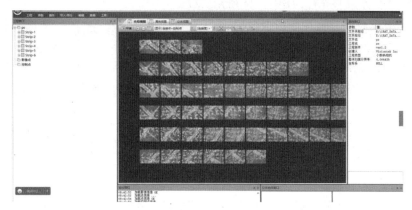

图 4.67 ××项目调用 HAT

在全局视图中,点击"平铺",切换成拼接模式,显示连接点和控制点,如图 4.68 所示。
② 设置属性窗口的参数。点击 ps 工程,设置属性窗口的扫描分辨率等参数。
③ 点击参数,控制点文件导入,导入 control 文件。
④ 点击参数,相机文件导入,导入 camera 文件。

在作业过程中,扫描分辨率、相机文件参数变化以后要重新内定向。如果系统自动弹出"重新内定向"提示框,选择"是"。如果没有提示,进入"操作",选择"内定向"。
⑤ 刺入控制点。在全局视图中,点击显示控制点(需要刺点)+预测控制点(红色旗帜),如图 4.69 所示。

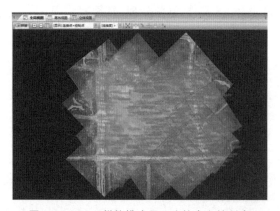

图 4.68 HAT 拼接模式显示连接点和控制点

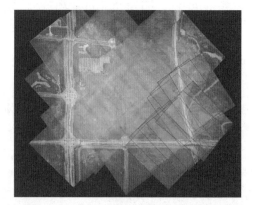

图 4.69 HAT 显示控制点、预测控制点

转动鼠标滚轮,将影像放大,靠近预测点位,右键点击刺入该 ID 所有预测控制点,刺入后,影像会显示标记,如图 4.70 所示。

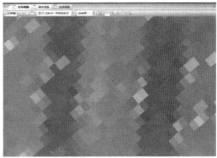

图 4.70　刺入预测控制点

选择某个控制点,进入画布视图,1∶1画面显示,删除带有黑边的影像,点击鼠标左键,将控制点粗略刺入。使用放大/缩小的快捷键 Z/X,将画布放大或缩小,点击鼠标左键,将控制点精确刺入,完成刺点后,显示黄色旗帜。

将所有控制点依次刺入影像,如图 4.71 所示。

⑥　保存工程文件 ps.d2。

4. 区域网平差

①　将所有控制点刺入后,点击"操作"→"PATB 平差",如图 4.72 所示。

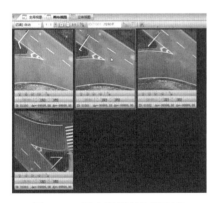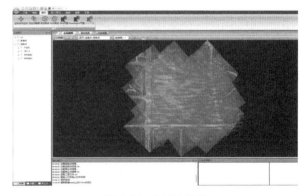

图 4.71　画布视图刺入控制点　　　　　图 4.72　PATB 平差

②　弹出"平差辅助"对话框,点击"继续",如图 4.73 所示。

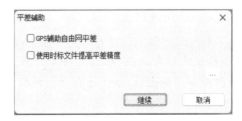

图 4.73　平差辅助

如果是第一次打开 PATB 软件,HAT 找不到 PATB 的路径,需要手动指定到 PATB 软件的安装目录 C 盘,如图 4.74 所示。

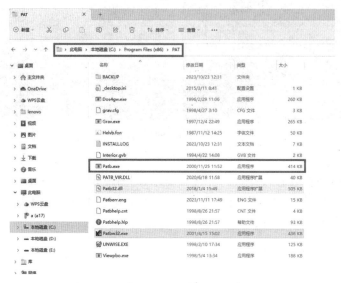

图 4.74 指定 PATB 软件的安装目录

③ 弹出 PATB 平差窗口,默认参数平差一次,如图 4.75 所示。

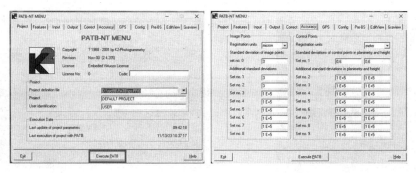

图 4.75 PATB 平差

平差结束后,点击 HAT 主界面的"工具"→"patb 输出目录",查看解析空中三角测量的精度报告"ps. pdf"文件,检查像控点中误差及单点点位中误差是否超限。

④ 若像控点中误差及单点点位中误差超限,需要进行以下操作。

a. 点击软件左下角的争议点窗口,检查综合 Max,选择综合误差较大的争议点,将其删除,如图 4.76 所示。

b. 点击"平差",通过缩小参数加大控制点的权重,如将平差参数 0.6 缩小为 0.5,进行第二次平差,如图 4.77 所示。再次查看精度报告,检查是否符合精度要求。

图 4.76 删除争议点

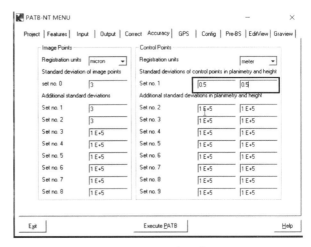

图 4.77 再次平差

5. MapMatrix 工程导出

点击"导入\导出",选择"导出为 MapMatrix 工程"。

空中三角测量加密的检查结果显示,有效连接点在测区内均匀分布、参差方向呈无序分布、精度指标满足要求,空中三角测量加密成果可以提供到下步工序中使用。

课后习题

1. 什么是解析空中三角测量?
2. 简述自动空中三角测量的基本原理。
3. 独立模型法区域网平差的基本思想是什么?
4. 简述应用软件进行解析空中三角测量的流程。

项目 5　3D 产品制作

教学目标

1. 掌握 DEM 的采集、编辑、导出及精度检查等过程。

2. 掌握 DOM 的生成、编辑及精度检查等过程。

3. 掌握 DLG 制作中的地物量测、地物编辑、等高线采集、文字注记、成果输出及精度检查等过程。

思政目标

本项目采用国产自主研发软件航天远景教学系统进行 3D 产品制作,按照《1∶500　1∶1000　1∶2000 地形图航空摄影测量内业规范》(GB/T 7930—2008)要求,将航测外业数据转化为合格的测绘成果,融入爱国主义、规范意识等思政要点,培养学生的爱国情怀,树立规范意识,严格遵守职业规范,具备认真负责完成测绘任务,并进行测绘成果质量自查的职业素养。

项目概述

本项目仍以项目 2 中的测区为例,在项目 2、项目 3、项目 4 已完成外业影像获取、控制点的布设和测量、内业数据处理的第一个阶段空中三角测量加密的基础上,完成内业数据处理的第二个阶段——3D 产品制作。

1. 任务

(1) DEM 制作。

(2) DOM 制作。

(3) DLG 制作。

2. 已有资料

(1) 航天远景教学系统。

(2) 测区的空中三角测量加密成果。

3. 要求

(1) 完成 3D 产品制作,导出成果。

(2) 检查 3D 产品的精度,确保成果质量合格。

任务 5.1 DEM 制作

数字高程模型(digital elevation models,DEM)是国家基础空间数据的重要组成部分,是表示地表区域上地形的三维向量的有限序列,即地表单元上高程的集合。数字高程模型作为一种特殊的基础地理信息数据,其典型的形式是一种连续的栅格图像数据,这种数据形式在坡度坡向分析、高程分带、地形阴影、彩色地势、地形校正处理、三维地形构建等工程中有广泛的应用。本任务基于 MapMatrix 2.0 软件进行数字高程模型的生产、编辑及后期格式转换、裁切等环节的介绍。使用其他软件进行 DEM 处理的基本原理及流程与 MapMatrix 的相似,可参考实施。

本任务参考《1∶500 1∶1000 1∶2000 地形图航空摄影测量内业规范》(GB/T 7930—2008)、《基础地理信息数字成果 1∶500 1∶1000 1∶2000 生产技术规程 第 2 部分:数字高程模型》(CH/T 9020.2—2013)实施,以航天远景教学系统的数据处理软件 MapMatrix、DEMMatrix 为例,完成 DEM 的制作。DEM 制作流程图如图 5.1 所示。

图 5.1 DEM 制作流程图

5.1.1 DEM 采集

1. 资料准备

DEM 数据制作需准备无人机航空摄影影像、pos 数据、空三加密成果、相机报告、已有的数字线划图。(为与软件保持一致,将空中三角测量简称为空三。)

2. 导入空三工程

打开 MapMatrix 2.0 软件,在左侧工程浏览窗口中右击,在弹出的界面中加载空三加密工程,如图 5.2 所示。(MapMatrix 支持多款软件的数据成果,如 MapMatrix、VirtuoZo、JX4 Project、Z/I Intergraph、Leica Helava、PATB、Albany、Bingo、Dat/EM Summit、PhorexII 和 Inpho 等,本任务以 MapMatrix 软件空三成果为例,介绍 DEM 采集编辑过程。)

加载工程后,系统在输出窗口中给出提示信息,如图 5.3 所示。

5-1 软件打开及硬件设置

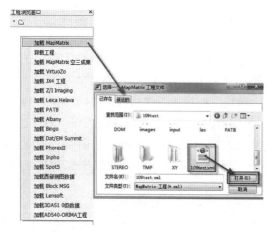

图 5.2　空三成果导入

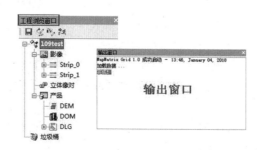

图 5.3　输出窗口

3. 设置相机文件

选中工程浏览窗口中的工程名节点,然后点击该窗口上的  图标,或选择工程节点右键菜单中的编辑相机文件命令,在工作区窗口会出现图 5.4 所示的界面,设置参数后保存。

说明:设置"PPS X 方向主点偏移"为 0,"PPSY 方向主点偏移"为 0。

注意:若像片在空中三角测量之前未做畸变校正,则 X、Y 的偏移值采用默认值;若已进行畸变校正,则偏移值均设置为"0"。

焦距:根据相机报告文件设置。

4. 内定向并创建立体像对

在工程浏览窗口中"影像"节点处点击右键,在弹出的快捷菜单中点击"数码量测相机内定向",在工程名节点的右键菜单中点击"创建立体像对",如图 5.5 所示。

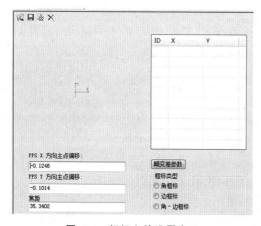

图 5.4　相机文件设置窗口

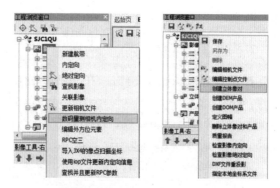

图 5.5　内定向和立体像对的创建

5. 工程及立体模型精度检测

恢复工程及立体模型创建完成后,需对恢复的空中三角测量加密工程及立体模型精度进行分析,可在立体模式下利用像控点或外业检测点通过人机交互的方式进行精度检查,步骤如下:

1) 控制点/检查点格式

控制点/检查点为文本文件,格式如图 5.6 所示。

2) 导入控制点/检查点

在"产品"节点下"DLG"节点上右击,在弹出的快捷菜单中点击"新建 DLG",在弹出的对话框中,设置文件路径及名称后点击打开。此时,"DLG"节点下会出现新建的 DLG 数据,如图 5.7 所示,在此节点处右击→"数字化",在弹出的对话框中设置比例尺后,点击"确定",即可进入"FeatureOne"模块窗口,如图 5.8 所示。

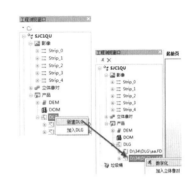

图 5.6　控制点/检查点格式　　　　　　图 5.7　数字化

在"FeatureOne"界面工程节点上,右击选择"装载立体模型",模型装载后,选择工具栏中的"工具"→"检查点精度分析"命令,在弹出的对话框中点击 🔲 命令,打开控制点文件,如图 5.9 所示。

图 5.8　比例尺设置

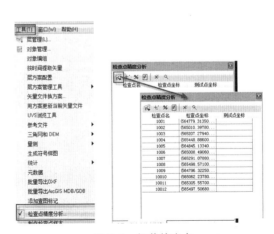

图 5.9　加载检查点

在左边工程栏中任意一个立体模型上右击→点击"实时核线像对"命令,打开立体像对窗口后(这里需要激活"自动切换"命令,如图 5.10 所示。激活后,在"检查点精度分析"对话框中,点击任意一个控制点时,模型将自动跳转到其所在的立体模式上),点击"采集测试点",在立体像对中控制点的正确位置处点击,测试点坐标一栏将会统计出鼠标所点击位置处的相应坐标,如图 5.11 所示。

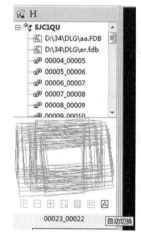

图 5.10　自动切换界面

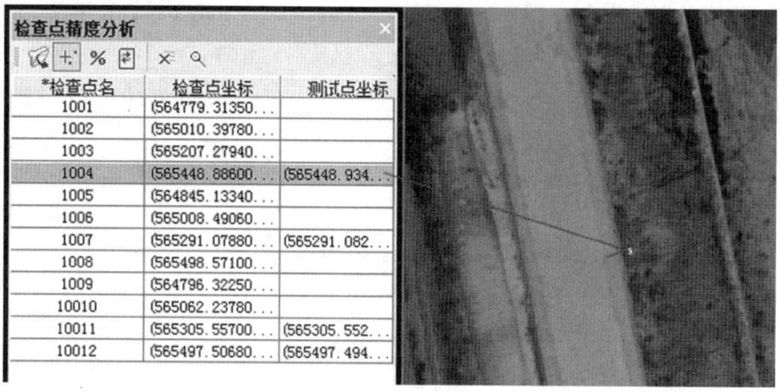

图 5.11　采集测试点

待需要检查的点都采集完成后,如图 5.12 所示,点击"数据统计",输入文件名,即可导出精度检查报告。

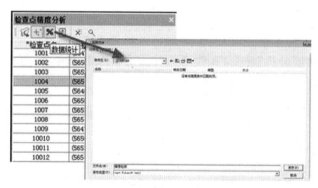

图 5.12　导出精度检查报告

导出的精度检查报告如图 5.13 所示。

6. DSM 生产

点击"工具"→"匹配生成 DEM",弹出图 5.14 所示的对话框,设置好相关参数后开始匹配,匹配完成后会出现图 5.15 所示的提示框,点击"确定"按钮。

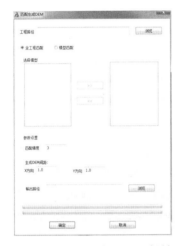

5-2 DEM 生成

name	x1	y1	z1	x2	y2	z2	dxy	dz
1004	565448.8860	3806228.4720	1684.9373	565448.9343	3806228.5954	1684.5565	0.1325	0.3808
1007	565291.0788	3805798.8260	1642.2479	565291.0821	3805798.9605	1641.8328	0.1346	0.4151
10011	565305.5570	3805438.8600	1640.4241	565305.5528	3805438.8710	1640.3108	0.0117	0.1133
10012	565497.5068	3805472.6290	1638.9209	565497.4940	3805472.6493	1638.9320	0.0240	0.0112

	min	max	RMSE
dxy	0.0117	0.1346	0.0954
dz	0.0112	0.4151	0.2874

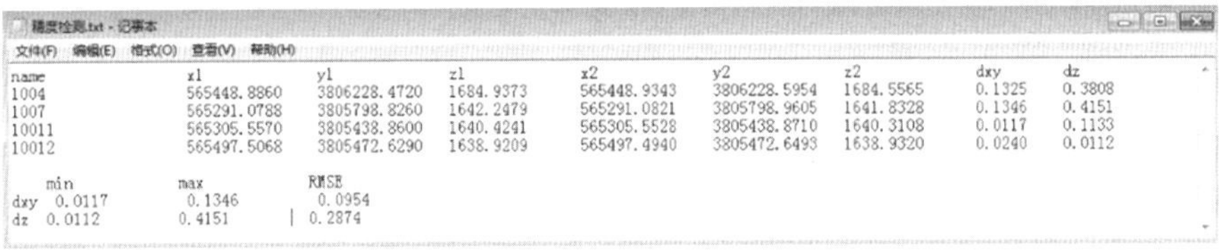

图 5.13 精度检查报告内容

图 5.14 “匹配生成 DEM”对话框

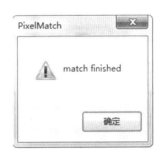

图 5.15 匹配完成后的提示框

参数设置说明：

工程路径：.xml 格式的空三加密成果。

全工程匹配：选择此项，工程整体匹配，生成一个大的工程 DEM 文件。

模型匹配：选择需要生成 DSM 的模型，将其添加到右边的窗口中，匹配出单模型 DEM 文件。

匹配精度：默认参数 3，每 3×3 九个像素匹配一个 las 点云，一般情况下选择默认参数。

生成 DEM 间距：依据规程规范及比例尺进行设置(比例尺 1∶500、1∶1000、1∶2000 的格网尺寸分别为 0.5m、1m、2m)。

输出路径：设置 DEM 生成后的存放路径。

5.1.2 DEM 编辑

DSM(数字表面模型)和 DEM 的区别在于 DSM 表达地表实际模型，包含所有地物及地貌信息，而 DEM 只表达地表地形信息，不包括建筑物、树林等。由于软件不能较好地过滤地表的无用信息，所以通过软件自动匹配生成的是数字表面模型 DSM。对于空旷地区，DSM 和 DEM 基本一致；但当地表分布有建筑物、树林等目标时，就需要对 DSM 进行编辑，将地物高程点修改至地面，生成 DEM。

5-3 命令介绍

1. 任务区划分

在实际生产过程中,因数据量较大或受范围限制,为了提高工作效率,避免漏编或重复编辑等情况发生,应在作业前做好任务区划分,以便于后期数据接边。任务区划分可以依据范围线格式在不同软件中进行,注意任务区划分时应有公共边。图 5.16 所示为在 ArcGIS 软件中划分任务区,其中 ● 为 POS。

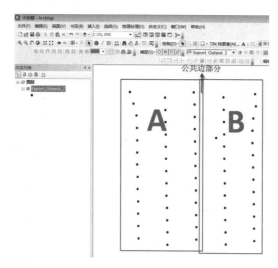

图 5.16 任务区的划分

5-4 DEM 的编辑

2. DEM 编辑

DEMMatrix 软件中的 DEM 编辑常用命令如表 5.1 所示。

表 5.1 DEM 编辑常用命令

命 令	描 述
矩形选区,快捷键 Ctrl+R	用于选择所要编辑的格网点
多边形选区,快捷键 Ctrl+P	用于选择所要编辑的格网点
Page Up/Page Down	减少 DEM 高程/增加 DEM 高程
定值高程,快捷键 E	给所选范围赋予指定的高程值
平均高程,快捷键 N	对选定区域赋予平均高程值
匹配点内插,快捷键 O	选定点重新内插,适用于被选中的点云,周围的点高程均合适,利用已有的点云重新内插所选中的地形
匹配点上下内插	仅将绘制选区内的上下边匹配点内插
匹配点左右内插	仅将绘制选区内的左右边匹配点内插
量测点内插,快捷键 I	以量测的高程点为基点,内插所选范围内 DEM 高程
局部平滑,快捷键 U	对选中区域的 DEM 做圆滑处理,使之过渡自然

续表

命　　令	描　　述
全局平滑	对全图的 DEM 平滑
特征内插	根据特征矢量内插来处理,只处理特征矢量存在的区域
房屋过滤	对所选区域根据输入的临界高度值(即地面的高程值,这个值以下是地面,以上是房屋)进行滤波处理
房屋过滤＃	对所选区域根据所设置的房屋高度进行滤波处理
图章	先选择参照部位,然后在目标位置点击,即可处理完成
裁切	用于 DEM 的裁切
DEM DEM 导入高程	对 DEM 进行接边,把邻近 DEM 的高程值引进来,修改本 DEM 的高程值
DEM 扩展范围	对外扩的区域绘制选区
局部匹配	对选区内的格网点重新匹配(选区中一定要包含特征矢量,否则处理失败)

1) 数据导入

(1) 打开 DEMMatrix 编辑窗口

进入 DEMMatrix 模块,在产品的 DEM 节点下右击,在弹出的快捷菜单中点击"加入 DEM"命令,如图 5.17 所示,加入 DEM 后,点击编辑 DEM 按钮，进入立体编辑 DEM 模式。

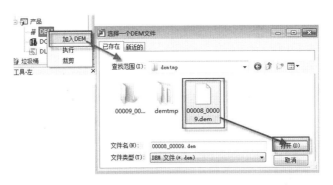

图 5.17　导入 DEM 窗口

(2) 范围线导入

在立体编辑模式窗口下,选择"矢量"→"导入特征矢量"→导入范围线。该软件支持 .fdb、.dxl 和 .xml 格式的范围线。

2) 设置立体工作区

选择 DEM 文件,右击,在弹出的快捷菜单中点击"平面编辑"命令,如图 5.18 所示。使用"矩形选区"命令绘制立体上要加载的 DEM 点范围,如图 5.19 所示的区域。

图 5.18　选择"平面编辑"

图 5.19　选择编辑范围

范围选择后再次选择 DEM 文件,右击,选择"将选区设置为立体工作区"命令,如图 5.20 所示。

3)进入立体编辑窗口

立体编辑 DEM 前需要先打开立体像对,在立体模型节点上右击,在弹出的快捷菜单中点击"实时核线",进入立体编辑模式,如图 5.21 所示。

说明:

核线像对:采集了核线的立体像对。

原始像对:适用于 ADS 数据和卫星影像数据,可以直接在原始像对上编辑 DEM,不需要采集核线。Lensoft 工程的影像只适用原始影像立体编辑。

实时核线像对:卫星影像、航空影像立体都适用,实时核线不但能自动根据立体构成方向将立体像对构建好,不需要事先旋转影像,而且每个像对都构建出最大立体范围,确保没有立测漏洞。

图 5.20　选择"将选区设置为
　　　　　立体工作区"

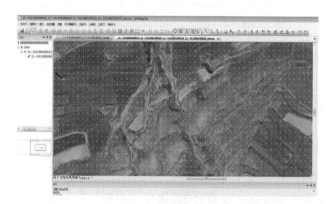

图 5.21　立体编辑窗口

4)硬件参数设置

(1)输入设备设置

点击"工具"→"输入设备",在弹出的"设备设置"对话框中进行相关参数的设置,如图

5.22所示。设置完成后,点击"设备激活"按钮,该状态即被保留。

说明:

输入端口:根据硬件连接主机端口选择相对应的输入端口。

信号的速率系数:图5.22中X、Y及Z后文本框中的数字为硬件输入信号的速率系数,即手轮或鼠标的位移与图中影像位移的比例,数字越小影像刷新越慢。文本框中数字的正负号代表手轮脚盘的操作方向,若想调整,可点击反向按钮对其进行调整。

坐标驱动方式:手轮脚盘与影像坐标X、Y、Z的对应关系,点击坐标驱动方式右边的 ▼,在下拉菜单中选择不同的坐标驱动方式。

(2)选项设置

点击"工具"→"选项"命令,系统弹出"选项"对话框,如图5.23所示。

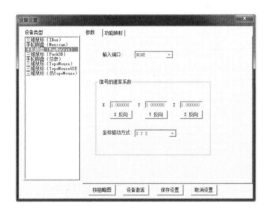

图5.22 输入设备的设置

图5.23 选项设置

① 主窗口:可以选择是否将软件窗口置顶。

② 影像视图:其设置如图5.24所示。

说明:

支持旋转和拉伸:主要针对卫星影像数据和A3数据;勾选此选项后,打开立体显示时,可以对影像的旋转与拉伸进行相应的设置。

只叠加立体模型内DEM:只显示当前打开的立体模型上的DEM点,模型外的DEM点不显示。当编辑的DEM的范围较大时,可以勾选此项来加速立体模型的打开速度。

高性能立体模式:当立体显示效果不好时可勾选此项,显存大小建议设置在200~999兆之间。

注意:打开立体视图时,"高性能立体模式"建议一直勾选,否则可能出现dem点显示不出来的情况。

平面视图双击自动进入对应立体模型视图:在平面视图,双击鼠标后会自动跳换到立体视图的当前坐标。

③ 用户操作习惯的设置如图5.25所示。

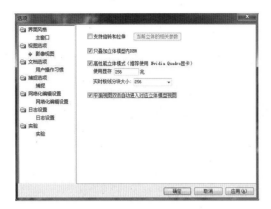

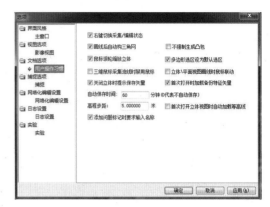

图 5.24　影像视图参数设置　　　　　图 5.25　用户操作习惯设置

说明：

右键切换采集/编辑状态：勾选后，点击右键进行切换。

鼠标滚轮缩放立体：勾选后，鼠标滚轮缩放立体；不勾选，鼠标滚轮调节测标高程。

三维鼠标采集流线时禁用鼠标：勾选后，手轮脚盘/三维鼠标采集流线的同时，鼠标不支持使用。

关闭立体时提示保存矢量：添加特征矢量或导入特征矢量后，关闭立体界面的时候会提示是否保存。

画线后自动构三角网：添加特征矢量或导入外部特征矢量，并且特征矢量被选中的情况下会自动构建三角网。

注意：在绘制特征矢量时建议不勾选此项，勾选此项可能会使程序出现反应变慢、变卡的情况。

多边形选区设为默认选区：勾选后，默认选择多边形选区；不勾选，默认选择矩形选区。

立体\平面视图画线时鼠标联动：勾选后，在立体视图画线时，平面视图也会同步画线；不勾选，立体视图画完当前矢量线，右键结束后平面视图才会显示。

注意：勾选此项，在用样条画线或用脚盘调高程时，可能会使程序出现反应变慢、变卡的情况。

首次打开时加载备份特征矢量：勾选后，打开立体像对时会提示是否加载矢量（打开立体视图时，如果在程序默认路径下已存在矢量文件.dxf，程序会提示是否加载矢量）。

高程步距：在立体上绘制特征线时，可设置高程步距，然后通过 Ctrl＋↑、Ctrl＋↓调整 Z 值的高程。DEM 点减少高程（Page Up）/增加高程（Page Down）的步距也在此设置。

5）不同地形 DEM 精细编辑

（1）水系、河流

对于封闭的水域，如湖泊、水库、池塘等，其格网点高程的设定一般采用"定值高程"，其高程值应取常水位高程。具体步骤为：选择编辑区域后，点击"定值高程"选项后输入高程值，系统根据输入的指定高程值将所选区域拟合为一个水平面，使区域内所有格网点切准水平面。对于河流，由于其高程会有落差，也可以采用"定值高程"这种方法进行分段处理。为了高效作业，可采用特性线采集的方法进行编辑。

用多边形选择命令 ⬡，在立体上采集池塘的水面（被选中的点，系统默认显示为青色），理论上讲，池塘水面的高程应相同。所以，在这里选用"定值高程" 🖼，根据水涯线高程赋值即可；或者使用"平均高程"命令，然后通过 Page Up 和 Page Down 调整高程切准水面。编辑前后的效果对比如图 5.26 所示。

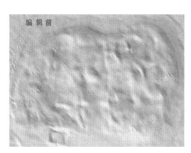
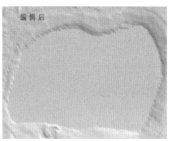

图 5.26　水系、河流编辑前后效果对比

（2）房屋及附属设施

对居民地进行自动匹配时，其格网点高程会默认为房顶高程值。在编辑时，对于平坦地区，可以采用"定值高程"或"平均高程"的方法；对于地面有坡度起伏的区域，可以采用采集特性线的方式进行编辑。

平坦地区编辑流程如下：

按照水系编辑流程，打开立体编辑窗口，用 ⬡ 选择房屋的范围，一般情况下一户或一幢房屋的高程应该是相同的，所以在量取房屋地面高程后选择"定值高程"命令，输入高程值，将其高程压至对应的地面。编辑前后效果对比如图 5.27 所示。

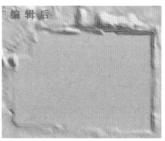

图 5.27　房屋及附属设施编辑前后效果对比

对地面有坡度起伏的区域，可采用"特征内插"的方法进行编辑，具体编辑流程可参考地貌的编辑方式。

（3）道路

道路可以使用"道路推平"命令进行编辑。选择 DEM 编辑→道路推平命令，或点击工具栏上道路推平按钮，按住鼠标左键沿道路中线量测一条线（量测时线要切准地面，如图 5.28 所示），在道路的边缘处按下鼠标左键（量测道路的宽度），最后右键结束量测，程序自动对该处做推平处理。

图 5.28　中线采集示意图

（4）地貌编辑

DEM 编辑主要有定制高程、平均高程、特征内插、量测点内插等几种方式。

对平山头或凹地、狭长而坡缓的沟底、山脊及鞍部进行平滑处理，编辑陡坎、斜坡时，先采集其坎上、坎下的特征线，如图 5.29 所示，然后以坎上、坎下特征线为基础，通过"特征内插"命令得到中间点的高程（注意：特征线采集时，一定要切准地面），如图 5.30 所示。编辑坡地时，在高程变化较为明显的地方采集特征线，然后通过"特征内插"或"量测点内插"命令重新内插；编辑梯田时，结合陡坎、斜坡的编辑方式，分别对坎上、坎下，坡上、坡下采集特征线后，通过"特征内插"命令对其他点进行重新内插；平地编辑时，当平地的高程起伏不明显时，选择对应的点云，用定制高程或者平均高程的方式进行编辑，当平地高程起伏明显时，同样需要采集特征线，通过"特征内插"的方式进行编辑。

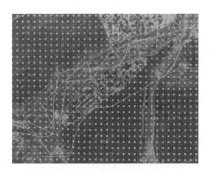

图 5.29　特征线采集图

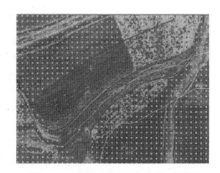

图 5.30　特征内插处理结果示意图

5-5 DEM成
果导出

5.1.3　DEM 导出

在 DEMMatrix 中编辑 DEM，并不是对原 DEM 文件进行编辑，程序会在此文件夹下把 DEM 文件转换成同名的 demx 文件，编辑的是 demx 文件，在编辑过程中，结果会实时保存在 demx 文件中。DEM 编辑完成后，需要将编辑后的结果导出，才能保存到 DEM。在工程浏览窗口中的 DEM 节点上点击右键，在弹出的快捷菜单中选择"导出 DEM"，设置存储路径，将

DEM 成果导出,如图 5.31 所示。

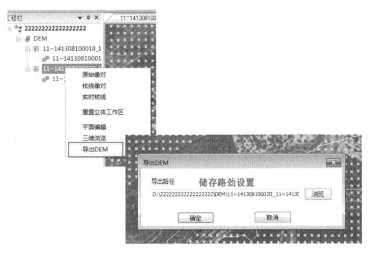

图 5.31 导出 DEM 成果

5.1.4 DEM 精度检查

DEM 编辑完成后,需要利用外业检查点或控制点对 DEM 成果进行检查,操作流程如下:

(1) 控制点/检查点格式

控制点/检查点文件为 .txt 格式,内容如图 5.32 所示。

(2) 控制点/检查点导入

进入立体编辑窗口,选择"工具"→"控制点"命令,弹出图 5.33 所示的对话框,选择"导入控制点"命令,导入控制点。

5-6 编辑后
精度检查

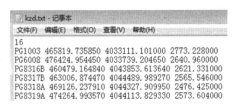

图 5.32 控制点/检查点文件

图 5.33 控制点检查

(3) 检查结果统计

导入控制点后系统会自动计算控制点与其对应位置 DEM 的高程差,如图 5.34 所示。

(4) 输出误差报告

点击图标 %,另存为精度误差报告。精度误差报告如图 5.35 所示,其中包括高程 dz 的 min、max、AVE、RMSE。

检查点名	检查点坐标	对应DEM点高程	高程差
149620...	(477846.716,4029559.730,2668.699)	2669.891	-1.192
149708...	(477756.988,4029897.188,2652.071)	2652.488	-0.417
149708...	(477729.988,4029881.243,2652.380)	2652.470	-0.090
149710...	(478086.883,4029778.803,2675.271)	2675.543	-0.272
149710...	(477952.558,4029823.841,2659.195)	2658.999	0.196
149711...	(478429.789,4029870.698,2669.248)	2671.365	-2.118
149711...	(478368.645,4029921.595,2669.001)	2670.174	-1.173
149712...	(478210.995,4029958.505,2661.657)	2662.273	-0.617
149712...	(478401.697,4029850.691,2672.935)	2673.854	-0.919

图 5.34 检查结果统计

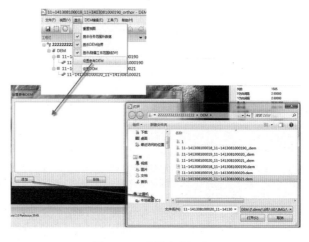

图 5.35 精度误差报告

5.1.5 DEM 整饰

5-7 DEM的
接边

1. DEM 接边

DEM 的接边分为两种情况:第一种是在编辑过程中相邻立体像对之间的接边;第二种是编辑完成后相邻作业区之间的接边。

在编辑过程中相邻立体像对之间的接边,是在编辑之前,打开本立体模型周围相邻的立体模型,在立体下找出相邻模型之间高差变化小的地方作为本立体模型的编辑范围。依此进行,完成编辑过程中相邻立体像对之间的接边,保证数据的连续性。

编辑完成后相邻作业区之间的接边,需要在平面编辑窗口中完成,步骤如下:

第一步:如图 5.36 所示,打开平面编辑窗口,按图 5.37 中所示点击"显示"→"设置参考" DEM",添加参考 DEM。

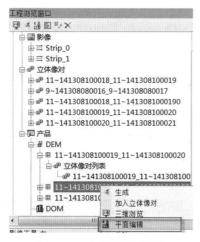

图 5.36 点击"平面编辑"

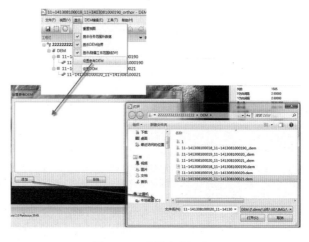

图 5.37 设置参考 DEM

第二步：在两个 DEM 的重叠区域绘制选区，如图 5.38 所示。

第三步：选择 DEM 编辑→导入高程命令，按参考 DEM 的高程修改本 DEM 高程。

注意：模型接边重叠带内同名格网点的高程，不得大于 2 倍中误差。

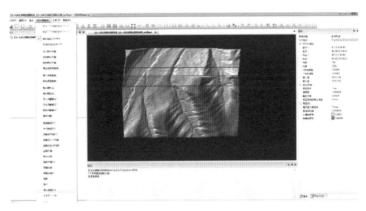

图 5.38　在重叠区域绘制选区

2. DEM 拼接

5-8 DEM 的
拼接

按住 Ctrl 或 Shift 键的同时在工程栏中左键点击，选中要拼接的 DEM，如图 5.39 所示，然后点击右键，在弹出的快捷菜单中选择"DEM 拼接"命令，弹出 DEM 拼接界面，如图 5.40 所示。

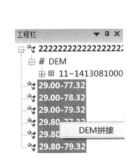

图 5.39　选择"DEM 拼接"

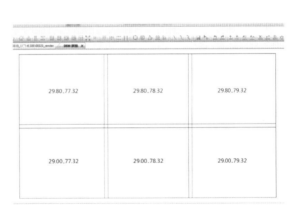

图 5.40　DEM 拼接界面

拼接之前先设置参数，界面如图 5.41 所示。

设置 DEM 输出路径，方法是：在"参数设置"对话框中输入保存的文件名，然后保存输出路径，拼接后会生成误差报告。

参数设置后点击菜单栏的"执行"→"拼接"命令，程序自动进行 DEM 拼接处理。处理完成后，系统会将不同误差分布情况用不同颜色表示，如图 5.42 所示，通过误差分布指示图左上角的数据可以获知不同误差的分布情况。

图 5.41　参数设置

图 5.42　DEM 拼接误差分析

5-9 DEM的
裁切

拼接完成后的 DEM 会自动加入工程栏,并可通过平面或立体的方式查看或编辑。

3. DEM 裁切

一般情况下,DEM 提交格式为标准分幅,所以需要对 DEM 进行裁切操作。DEM 裁切按照相关规定或技术要求规定的起止格网点坐标进行,裁切过程中,依据规范要求,图幅应向四边扩展约 10mm。DEM 裁切可通过多款软件来实现,如 ArcGIS、MapMatrix、PixelGrid 5.0等,下面以 MapMatrix 为例说明 DEM 的裁切方法。

第一步,在 CASS 软件下,依据范围线和相应比例尺生成 50cm×50cm 的标准幅框,格式为 .dxf。(注:Dem 和标准幅框 .dxf 应为同一坐标系下的数据。)

第二步,启动 MapMatrix 软件,选择工具"裁切 DEM/DOM",弹出 DEMX 窗口,在文件中打开 .dem 文件,如图 5.43 所示,弹出窗口如图 5.44 所示(边框表示数据的边界,左下角数值、右上角数值表示范围坐标,中间文字代表影像名称)。

图 5.43　加载 DEM

第三步,在图 5.44 所示窗口中点击导入标准分幅命令 ▦ ,导入标准幅框,如图 5.45 所示。

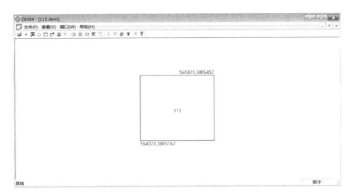

图 5.44　裁切工程界面

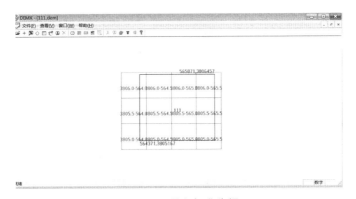

图 5.45　导入标准分幅

第四步,用鼠标框选所有标准幅框(选中标准幅框显示为橘黄色),设置相关参数,如图 5.46 所示,然后裁切(裁切后的标准幅框和原始 .dem 文件在同一个文件夹下)。

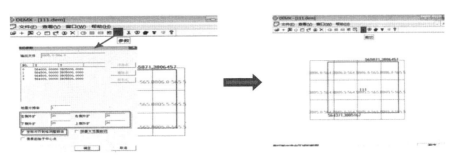

图 5.46　图幅裁切

4. DEM 格式转换

MapMatrix 中"DEM 格式转换"工具支持多种格式的转换。点击"工具"→"DEM 格式转换",打开格式转换窗口,在左边窗口点击需要转换格式的按钮。这里以 NSDTF 格式为例进

5-10 DEM
格式转换

行说明,点击"NSDTF"选项,DEM 文件添加进来后显示在待转换区域,如图 5.47 所示。

图 5.47　DEM 格式转换界面

输出文件参数设置(此处主要对无效值和缩放比例进行设置,其余参数与输入文件保持一致):

无效值:-9999(根据规范要求,进行设置)。

缩放比例:100。

导入 DXF 图廓:导入 DXF 图幅范围线,只转换 DXF 图廓范围内的 DEM。

输出路径:默认放置在原 DEM 文件的同名文件夹中,也可以点击输出目录配置按钮,设置其他存放路径。

转换完成后修复漏洞:建议勾选此项。

保留小数时四舍五入:如值是 99.999,在计算机内部变成 99.99899;

缩放比例设置 100 倍(小数后 2 位)时,如果勾选四舍五入,就变成了 100.01,不勾选四舍五入,值是 99.99。

参数设置后,进行 DEM 转换,转换完成后状态会显示为转换完成。

5.1.6　元数据制作

① 元数据文件是一个纯文本文件,其结构采用左边为元数据项,右边为元数据值的存储结构,并且不限定字节数,如图 5.48 所示。

② 元数据文件的记录参考 DLG 元数据记录要求进行。

5.1.7　成果质量检查

(1) 检查 DEM 的数据基础

数据基础是质量检查的重要内容,包括坐标系和投影方式。可通过自动检查数据范围的正确性,实现坐标系正确性的自动检查。

(2) 数据起止坐标的正确性

DEM 以"分幅"为单位,标准分幅的图廓角点坐标加上外扩尺寸就是 DEM 范围,起点坐

序号	数据项	数据类型	值域	生产	建库	分发
1	项目名称	字符型				
2	产品名称	字符型				
3	产品代号	字符型				
4	图名	字符型				
5	图号	字符型				
6	比例尺分母	整型				
7	产品生产日期	整型	YYYYMM			
8	产品更新日期	整型	YYYYMM			
9	产品的版本	字符型				
10	出版日期	整型	YYYYMM			
11	产品所有权单位名称	字符型（一般不超过30个字节）				
12	产品生产单位名称	字符型（一般不超过30个字节）字符型（一般不超过30个字节）				
13	数据量	字符型	单位为兆字节（MB）			
14	数据格式	字符型	"非压缩间TIF"；"地间数据交换格式"			
15	影像地面分辨率	字符型	单位为米			
16	图廓角点经度范围	字符型	DDOMMSS-DDOMMSS			
17	图廓角点纬度范围	字符型	DDOMMSS－DDOMMSS			
18	西南图廓角点X坐标	数值型	单位为米(m)			
19	西南图廓角点Y坐标	数值型	单位为米(m)			

图 5.48　DEM 元数据结构

标指的是该矩形左上格网中心点坐标,止点坐标指的是该矩形右下格网中心点坐标。检查方法如下:

第一步:根据四个图廓点坐标计算起止坐标值:

$$\begin{cases} X_起 = X_{MAX} = [INT[MAX(X_1,X_2,X_3,X_4)/\Delta d]+1]\times\Delta d - \Delta d/2 \\ Y_起 = Y_{MIX} = INT[MIX(Y_1,Y_2,Y_3,Y_4)/\Delta d]\times\Delta d + \Delta d/2 \\ X_止 = X_{MIX} = INT[MIX(X_1,X_2,X_3,X_4)/\Delta d]\times\Delta d + \Delta d/2 \\ X_止 = X_{MAX} = [INT[MAX(Y_1,Y_2,Y_3,Y_4)/\Delta d]+1]\times\Delta d - \Delta d/2 \end{cases}$$

式中:$X_1,Y_1,\cdots,X_4,Y_4$ 分别为图廓四个坐标;X_{MAX},Y_{MAX} 为 DEM 格网起始中心坐标;X_{MIN},Y_{MIN} 为 DEM 格网终止中心坐标;Δd 为格网间距。

第二步:通过程序自动读取 DEM 数据的起止点坐标值,与计算的理论值比较,检查是否一致。

（3）高程无效值区间

高程无效值是指在获取 DEM 数据过程中出现局部中断等原因无法获取高程的区域。其网格高程值应根据规范要求赋予－9999。

（4）接边正确性

DEM 的有效范围是否相接或重叠,有无漏洞。重叠部分的 DEM 高程误差是否在规定的限差范围内,对超过 2～3 倍中误差的区域需重新核实其正确性。

（5）产品质量

产品质量的检查主要包括格网尺寸、数据格式和高程精度。

格网尺寸应根据比例尺要求进行设置。

数据格式的检查:常用的 DEM 格式有国家标准空间数据交换格式 NSDTF－DEM(* .dem)、ESRI FLOAT BIL(* . bil)、Arc info Grid(* .grd)、Arc ASCII Grid(* .grd)等 4 种交换格

式,可根据项目设计情况,转换为符合项目要求的格式。

高程精度的检查:一般采用外业检查点,通过人机交互的方式获取检测点坐标,比较该位置实测高程与该位置在 DEM 中高程值的高程差,最终通过中误差公式,计算整幅图高程位置的精度是否符合规范要求。高程检测点的选取:一般要求每幅图采集不少于 28 个样点,并要求分布均匀,尽量避开地形起伏较大、零散破碎地形。

(6) 元数据文件(描述是否准确)

检查元数据文件是否缺少、文件名称的正确性以及文件能否打开,检查所有元数据项的值填写是否正确及其格式是否符合规程规范要求。

5.1.8 技能训练

1. DEM 采集

(1) 在 PhotoScan 中打开 PSX 工程文件后,进入工作流程菜单,选择"建立 DEM",在参数设置中设置投影类型为"平面",生成 DEM,如图 5.49 所示。

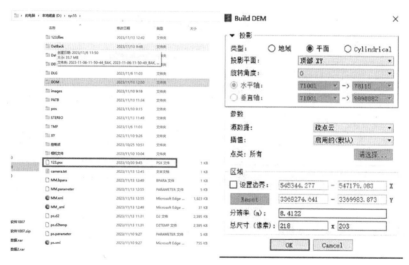

图 5.49 生成 DEM

(2) 在 MapMatrix 软件中加载 MM 工程文件,选择 syc_dem 数据后点击右键,在弹出的快捷菜单中选择"三维浏览",即可查看 DEM 的三维效果。

2. DEM 编辑

在 MapMatrix 中选择 syc_dem,点击右键,在弹出的快捷菜单中选择"实时核线",然后使用快捷键 F3/F4 进行缩放,佩戴立体眼镜观察绿色匹配点与地物(如路面、植被、房子)的贴合情况,如图 5.50 所示。

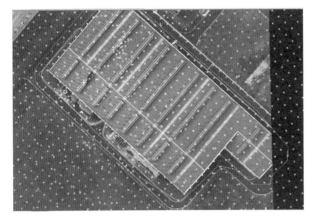

图 5.50 立体观察 DEM　　　　　　　　图 5.51 浏览 DEM

在 MapMatrix 中，点击"工具"→"选项"，在弹出的对话框中取消勾选鼠标滚轮缩放立体，即可将滚轮功能切换回调节高程。

3. DEM 导出

选择 syc_dem，点击右键，在弹出的快捷菜单中选择"导出 DEM"，即可导出 DEM，如图 5.52 所示。

图 5.52 导出 DEM

任务 5.2　DOM 制作

数字正射影像图（digital orthophoto map，DOM）是利用数字高程模型（DEM）对数字航摄影像或高空采集的卫星影像，逐像元进行数字纠正、镶嵌，按国家基本比例尺地形图要求裁切生成的数字正射影像数据集。数字正射影像图作为国家基础地理信息数字成果的主要组成部分之一，有良好的判读与量测性能，具有生产与更新周期短等优势，因而应用十分广阔。DOM的产品制作分为两个步骤：一是基于 DEM 对原始影像进行纠正；二是通过编辑软件对纠正后影像进行匀光匀色、镶嵌、裁切、分幅等后处理，使其满足成果需求。

本任务参考《1∶500　1∶1000　1∶2000 地形图航空摄影测量内业规范》（GB/T 7930—

2008)、《基础地理信息数字成果 1∶500　1∶1000　1∶2000 生产技术规程 第 3 部分:数字正射影像图》(CH/T 9020.3—2013)实施,以航天远景教学系统的数据处理软件 MapMatrix、EPT 为例,完成 DOM 的制作。DOM 制作流程图如图 5.53 所示。

图 5.53　DOM 制作流程图

5-11 单片
DOM制作

5.2.1　影像纠正

1. 资料准备

① 空三加密成果文件、工程文件.xml、影像数据 images 及空三加密过程文档,如图 5.54 所示。

② 编辑过的 DEM 成果文件,如图 5.55 所示。

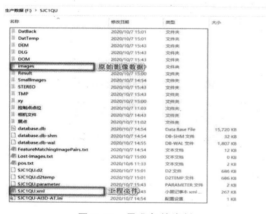

图 5.54　需准备的资料

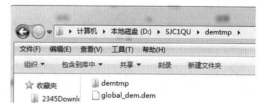

图 5.55　DEM 成果文件

2. 新建匀\纠\拼工程

打开 EPT 软件,点击"开始"→"新建工程"→"新建匀\纠\拼工程",如图 5.56 所示,进入新建匀\纠\拼工程界面。图 5.57 为批量自动化处理匀光、纠正、拼接功能的界面,可依据实际情况分别选择第一排批量处理功能。

注意:如果需要进行匀光操作,最好提供匀光工程,若无匀光工程,则要提供一张匀光参考影像;如果需要进行纠正操作,则需提供 MapMatrix 工程文件和 DEM 文件(目前只支持一个大的 DEM 文件);如果需要进行拼接操作,则需要准备一个 DXF 格式的结合表文件。

图 5.56 选择"新建匀\纠\拼工程"

图 5.57 新建匀\纠\拼工程界面

① 点击 …… 按钮,分别导入匀光工程、参考影像和 MapMatrix 工程文件,若无匀光工程,指定参考影像亦可进行匀光处理。导入 MapMatrix 工程文件后,程序会自动读取 MapMatrix 文件内容,将原始影像和 DEM 文件分别导入对应的列表中。

② 若需要添加/删除原始影像和 DEM 文件,可在其列表中点击右键,如图 5.58 所示。

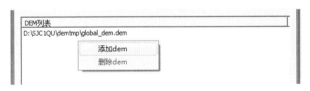

图 5.58 DEM 列表

③ GSD:设置纠正的 DOM 输出分辨率。

④ 羽化宽度:默认 5 即可,该值还可以在编辑镶嵌线时设置。

⑤ 背景:依据实际要求选择,提供黑色/白色两种背景色。

⑥ 重采样方法:有最邻近采样、双线性插值、双三次卷积三种方法,推荐使用双三次卷积方法。

⑦ 自动搜索拼接线:若存在 DSM 或 DXF 矢量文件,可勾选此选项,并点击 …… ,导入 DSM 或 DXF 矢量文件。程序通过 DSM 或 DXF 矢量文件自动搜索的拼接线,可自动绕开房屋等地物,减少编辑工作量。DXF 矢量文件只能包含房屋层信息,否则自动搜索拼接线的效果不佳。

⑧ 导入图幅结合表:导入 DXF 格式的矢量结合表文件。点击 …… 按钮,弹出导入图幅结合表对话框。在该对话框中点击 …… 按钮,选取 DXF 矢量文件(DXF 最好为 R12 格式),分别在图廓层、图名层的下拉列表中选取对应的图层,设置完毕后,点击"确定"。

⑨ 输出目录和镶嵌工程这两项内容默认,也可依据实际情况进行修改。

单独进行纠正批处理,设置如图 5.59 所示。

图 5.59　纠正批处理设置

点击 确定 ,执行纠正处理,通过属性栏左下角的进度条可查看处理进度,如图 5.60 所示。

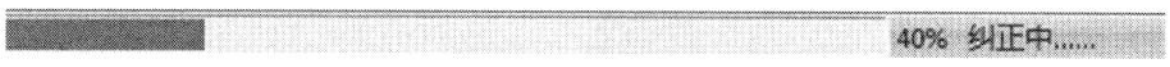

40% 纠正中......

图 5.60　纠正进度条

处理完成后得到单片 DOM,它默认存放在输出路径的 rectify 文件夹中,如图 5.61 所示。

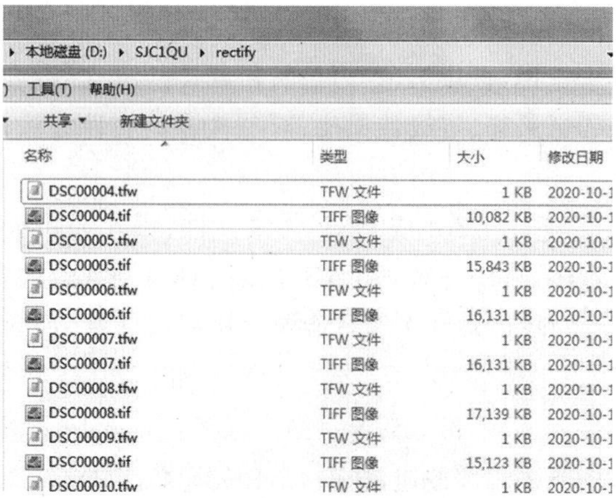

名称	类型	大小	修改日期
DSC00004.tfw	TFW 文件	1 KB	2020-10-1
DSC00004.tif	TIFF 图像	10,082 KB	2020-10-1
DSC00005.tfw	TFW 文件	1 KB	2020-10-1
DSC00005.tif	TIFF 图像	15,843 KB	2020-10-1
DSC00006.tfw	TFW 文件	1 KB	2020-10-1
DSC00006.tif	TIFF 图像	16,131 KB	2020-10-1
DSC00007.tfw	TFW 文件	1 KB	2020-10-1
DSC00007.tif	TIFF 图像	16,131 KB	2020-10-1
DSC00008.tfw	TFW 文件	1 KB	2020-10-1
DSC00008.tif	TIFF 图像	17,139 KB	2020-10-1
DSC00009.tfw	TFW 文件	1 KB	2020-10-1
DSC00009.tif	TIFF 图像	15,123 KB	2020-10-1
DSC00010.tfw	TFW 文件	1 KB	2020-10-1

图 5.61　单张影像 DOM

5.2.2 单片匀光

（1）新建匀光工程

点击"开始"→"新建工程"→"新建匀光工程"，弹出"新建匀光工程"对话框，如图5.62所示。

创建匀光工程后的界面如图5.63所示。

图 5.62 "新建匀光工程"对话框

图 5.63 匀光工程平铺显示

（2）匀光参数设置

匀光工程创建完毕后，点击"开始"菜单→ ，在弹出的对话框中进行参数调整，如图5.64所示。

说明：

① 预览：勾选该选项后，视图窗口将实时显示处理效果。

② 参考影像：必须导入参考影像，然后根据影像的实际情况调整下列参数。

③ 曝光修正：调整影像整体的曝光指数，该值的修改有一定的风险，可能会让颜色失真。

④ 亮度：调整影像整体的明暗度。

⑤ 对比度：调整影像颜色对比度。

⑥ 绿色信息：可以增加和减少绿色波段的信息。

⑦ 紫色信息：可以增加和减少影像的紫色信息。

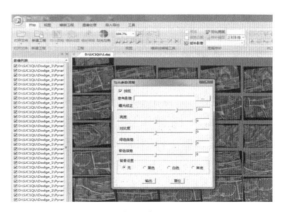

图 5.64 匀光参数调整界面

⑧ 背景设置：按照实际背景颜色进行选取，如果选取错误，会对匀光结果产生一定的影响。

⑨ 复位：将参数都恢复到初始状态，复位对参考影像无效，参考影像的恢复需要手工删除其路径。

（3）运行处理

匀光参数设置完毕后，点击"输出"按钮，弹出图 5.65 所示的界面。

点击 添加 按钮，将需要参与匀光的影像添加到影像列表中。

点击 ... 按钮，设置匀光成果输出路径。

在"匀光工程"后的文本框中，可修改匀光工程路径及其工程名称。匀光工程文件的后缀为 .dpj。

列表中的影像为已经添加到匀光工程中的影像，若还有需要进行匀光的影像，再次进入匀光工程添加，将所有添加的影像统一匀光输出，如图 5.66 所示。

图 5.65　匀光工程输出界面

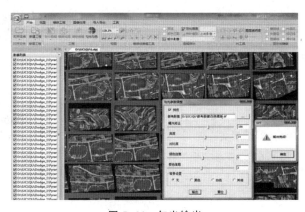

图 5.66　匀光输出

注意：若不进行输出操作，直接退出匀光界面，程序将不会保存调整的参数，建议在退出匀光界面前手动保存调整的参数结果。

5-13 单张 DOM镶嵌 编辑

5.2.3　影像镶嵌

（1）新建正射影像工程

点击"开始"→"新建工程"→"新建正射影像工程"，弹出"正射影像工程"对话框，如图 5.67 所示。

说明：

① 点击 ... 按钮，分别导入 MapMatrix 工程文件和 DEM 文件。MapMatrix 工程文件和 DEM 文件只有在涉及原始影像修改的时候才需要指定，否则不必重新指定。

② 点击 目录 按钮，指定 DOM 所在的目录，程序会自动将 DOM 目录下所有的影像加载到列表中。

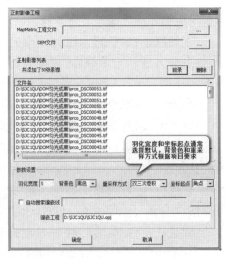

图 5.67　"正射影像工程"对话框

③　点击选择列表中需要删除的影像,再点击 ___删除___ 按钮可删除影像。

④　羽化宽度:通常默认值即可。

⑤　背景色:根据项目的要求进行设置,目前只提供黑白两种颜色进行选取。

⑥　重采样方式:有最邻近采样、双线性插值、双三次卷积这三种方式,推荐使用默认的双三次卷积方式。

⑦　坐标起点:有角点和中心两种选择,依据所添加正射影像的坐标起点来确定。其判断方法是:若正射影像的坐标可以被其分辨率所整除,则此坐标起点一定为角点;反之,可能是中心。通常国内软件生成的正射影像坐标起点是"角点",而国外软件生成的正射影像坐标起点是"中心"。

⑧　自动搜索镶嵌线:若存在 DSM 或 DXF 矢量文件,可勾选此选项,导入 DSM 或 DXF矢量文件。程序通过 DSM 或 DXF 矢量文件自动搜索的镶嵌线,可自动绕开房屋等地物,减少编辑工作量。

⑨　镶嵌工程:不建议修改路径,除非遇到空间不足的情况,程序默认正射影像工程名称的后缀为 ∗.opj。

设置完成后,点击"确定"按钮,即可创建正射影像工程,效果如图 5.68 所示,方框为每张DOM 的边界范围。

(2) 镶嵌编辑

新建正射影像工程后,点击"开始"→"镶嵌编辑",进入镶嵌编辑模式。处理完毕后,正射影像工程如图 5.69 所示。

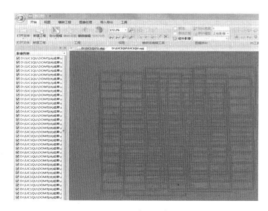

图 5.68　正射影像工程

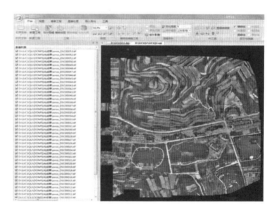

图 5.69　处理后的正射影像工程

注意:

①　程序成果默认路径为工程同目录下"工程名"+_MapSheet 的文件夹,在此文件夹中包含以下四个成果文件夹。

MapSheet:在镶嵌编辑模式下,此文件夹为空,镶嵌成图后生成的图幅将会存放于此。

Mosaic_Line:用于存放镶嵌线。

Mosaic_Line_bak:对镶嵌线文件的备份。

Pyramid:金字塔文件夹,存放影像金字塔。

②　在每次加载工程文件时,会同时在此工程目录下生成 ∗_bak.opj 备份文件。

（3）镶嵌线编辑

图 5.70 所示为编辑镶嵌线时所用到的主要工具，分别为添加点、插入点、移动点、删除点、删除临时线和修补选区。

镶嵌线编辑前后效果示例如图 5.71 和图 5.72 所示。

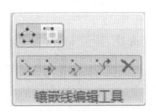

图 5.70　镶嵌线编辑工具

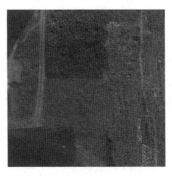

图 5.71　镶嵌线编辑前

图 5.72　镶嵌线编辑后

（4）正射影像修补

点击"开始"→镶嵌线编辑工具面板中影像修补选区的编辑按钮，切换到影像修补状态，默认修补模型为正射影像。

正射影像修补前后效果示例如图 5.73 和图 5.74 所示。

图 5.73　需修补的房屋

图 5.74　修补结果

（5）划分图幅

点击"开始"→"划分图幅"→"批量划分图幅"，弹出"划分图幅"对话框，如图 5.75 所示。

说明：

5-14 划分图幅

① 图中坐标范围为实际加载影像的最小角坐标值和最大角坐标值，程序会自动获取坐标范围，只需要修改起点坐标的值，这是因为通常矩形图幅的起点坐标都是整公里格网，故需要将起点坐标修改为整公里的倍数，否则划分的图幅坐标会带有小数，名称也会带有小数。

② 比例尺分母：比例尺的大小，程序提供的所有比例尺如图 5.76 所示。

③ 分幅方式：主要使用矩形分幅和梯形分幅两种，鉴于新老图幅名称等的不同，增加了其他分幅方式，如图 5.77 所示。

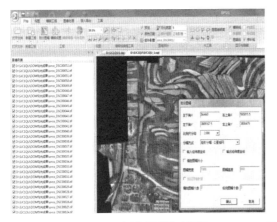 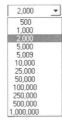 

图 5.75 "划分图幅"对话框   图 5.76 比例尺分母   图 5.77 分幅方式

④ 输入经纬度坐标:导入的影像是否为经纬度数据。
⑤ 输出经纬度坐标:输出的图幅是否为经纬度成果。
⑥ 指定图幅大小:可以自定义图幅大小,也可以默认大小。
⑦ 指定图幅数量:程序会按指定图幅数量自动划分大小。

下面以矩形图幅划分为例,说明其具体操作:
① 设置起点坐标,如图 5.78 所示。

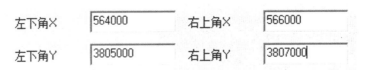

图 5.78 设置起点坐标

② 将"比例尺分母"设置为 2000;"分幅方式"设置为矩形分幅-公里格网方式;勾选"指定图幅大小",分别指定"图幅宽度"和"图幅高度"为 1000,单位为米,如图 5.79 所示。

③ 点击"确认",进入图幅名称命名规则的设定对话框,依据 2000 图幅命名规则,修改设置,如图 5.80 所示。

图 5.79 设置划分图幅参数   图 5.80 图幅名称命名规则设置

④ 点击"确定"按钮,程序将按照所设定的参数生成图幅图廓,如图5.81所示。

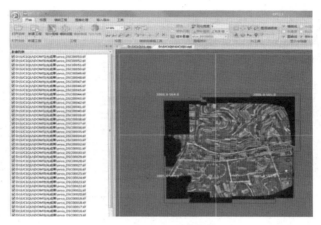

图5.81 生成图幅图廓

(6) 镶嵌成图

点击"开始"→"镶嵌成图",进入镶嵌成图模式,结果如图5.82所示。

镶嵌成图的同时程序会自动生成图幅文件,如图5.83所示。

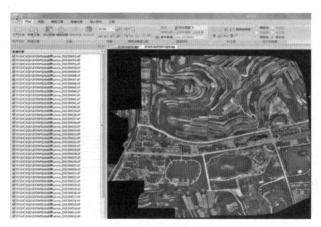

图5.82 镶嵌成图

图5.83 图幅文件

5.2.4 精度检查

在影像上量取控制点对应影像点,并计算中误差来评估影像精度。点击"镶嵌工程"→"精度检查"命令,弹出"精度检查"对话框,如图5.84所示。

点击"导入控制点"按钮,选取控制点文件,加载完毕后,程序会将控制点全部添加到视图窗口中,如图5.85所示。

图 5.84　"精度检查"对话框

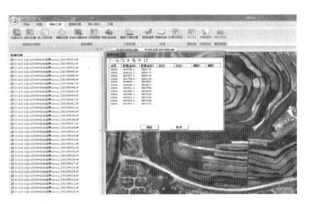

图 5.85　导入控制点

点击"添加控制点"按钮开始量测控制点位置,在欲添加控制点处点击鼠标左键即可添加,如图 5.86 所示。未被量测的点均用红色表示,已量测的点以绿色显示。

注意:

① 选取控制点有两种方式,可以直接在视图窗口中选取,也可以在列表中直接点选(采用这种选取方式,程序会自动根据所选的控制点位置,将视图窗口切换到该点所在的位置)。这里建议在视图窗口中选取,这样会比较方便。

② 如果需要在上次编辑结果的基础上继续编辑,可以将上次导出的报告文件加载进来。

按照上述方式添加所有的控制点后,点击"导出误差报告"按钮,程序会将精度检查报告以文本格式导出,报告中会记录所有控制点结果、中误差、最大值、最小值等信息,如图 5.87 所示。

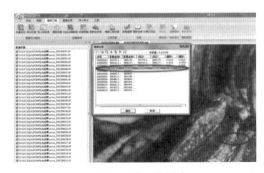

图 5.86　选取控制点

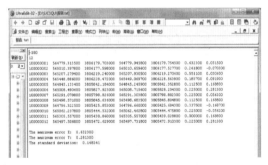

图 5.87　精度检查报告

5.2.5　DOM 整饰

5-17 影像
接边

1. DOM 接边

① 点击"开始"→"新建工程"→"新建图幅接边工程"命令,弹出接边设置对话框。

② 将两个文件夹中单幅的图幅数据进行接边,所参与接边的图幅范围完全一致。图幅添

加完毕后,点击"确定"按钮,设置接边工程的输出路径及名称,如图5.88所示。

点击"确定"按钮,弹出图5.89所示的提示框。选择"是",生成金字塔影像,图幅接边工程创建完成;选择"否",则接边工程不会生成金字塔影像。

图5.88　接边设置

图5.89　刷新金字塔提示框

注意:

a. 创建图幅接边工程时,支持两种数据的导入,一种是单幅的图幅数据,另一种是有重复数据的镶嵌工程(可以是正射影像工程,也可以是图幅修补工程)。接边时,要求所参与接边的图幅范围完全一致,否则无法正常创建接边工程。

b. 接边工程初始化所生成的金字塔影像,是使用工程1的影像采样而成的。

③ 添加接边线。

在MapMatrix中进入镶嵌工程→接边线,点击鼠标左键开始绘制接边线,使其贯穿1行/列的所有图幅后点击右键,程序将自动闭合所绘制的区域,形成接边范围,如图5.90所示。

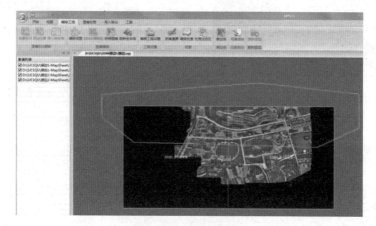

图5.90　绘制接边线

接边线绘制完毕,点击镶嵌成图按钮,程序便开始初始化镶嵌线。

注意:

a.接边线所框选的区域是工程 1 中图幅影像所保留的部分,未被框选的图幅区域会被工程 2 中的图幅影像替换。

b.接边线必须穿过所有图幅才为有效的接边线,若绘制的接边线不符合规则,会弹出提示对话框,此时需要再次点击左键重新绘制。

④ 编辑接边线。

接边线的编辑操作具体参照镶嵌线的编辑,如图 5.91 所示。由于通常接边图幅都是没有重叠区域或重叠区域很小的,所以边界上的镶嵌线基本上不能移动,在处理这样的情况时,需要锁定某个方向才能正常处理。如在垂直移动关键点的时候,需要按住"V"键再用鼠标拖动节点;而在水平方向移动关键点时,需要按住"H"键的同时拖动节点。

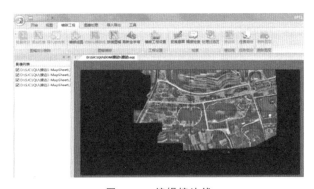

图 5.91 编辑接边线

注意:接边工程中的关键点不能和普通镶嵌工程中的关键点一样编辑,在接边工程中,关键点只能够移动。

2. 影像裁切

影像裁切可在 Arcgis、EPT、航天远景等多个软件中完成,可参考 DEM 裁切部分的讲解实施。

3. 成果整理

DOM 成果数据包括 . tif 格式的标幅、. tfw 格式的坐标文件、. dxf 格式的标幅图框、. dxf 格式或 . shp 格式的镶嵌线、DOM 质检报告,如图 5.92 和图 5.93 所示。

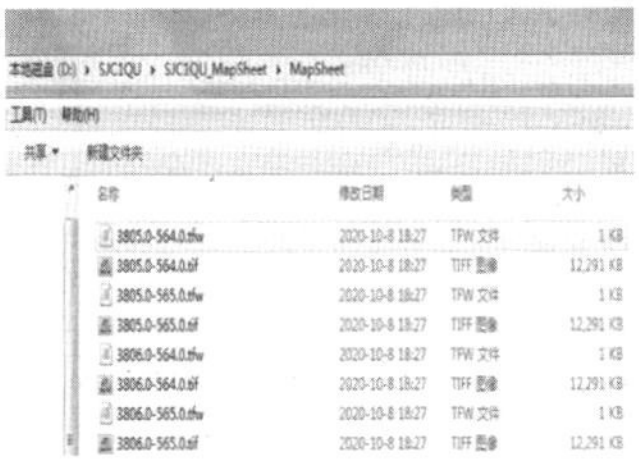

图 5.92 标幅及坐标文件 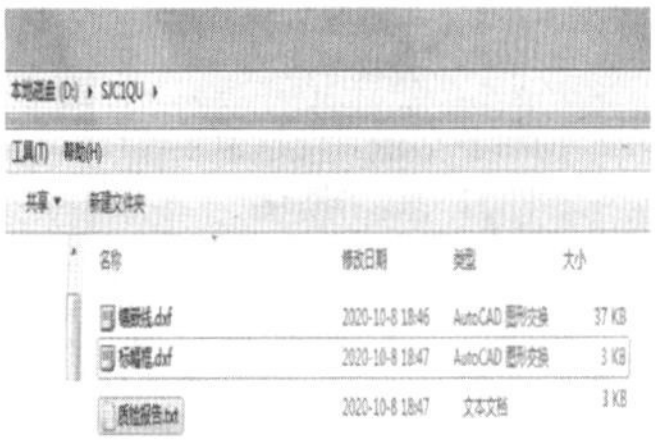   图 5.93 图框与镶嵌线

5.2.6 技能训练

1. DOM 生成

（1）打开 MapMatrix 软件，加载 mm. xml 工程。检查影像的扫描分辨率，导入相机文件，如图 5.94 所示。

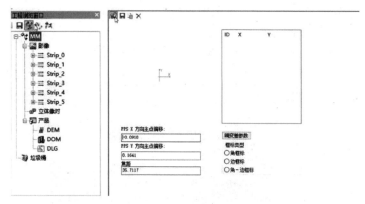

图 5.94 导入相机文件

保存，关闭右上角的小窗口。

（2）点击影像节点，点击右键，在弹出的快捷菜单中执行"数码量测相机内定向"命令，如图 5.95 所示。

内定向完成之后，点击工程节点 MM，右键执行创建立体像对操作。

（3）点击"产品"→DEM 节点，右键加入 DEM，点击之前生成的 syc_dem，右键加入立体像对，如图 5.96 所示。

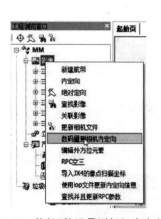

图 5.95 执行"数码量测相机内定向"

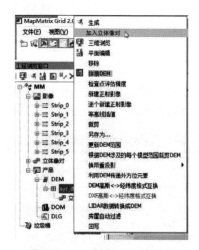

图 5.96 DEM 加入立体像对

（4）点击 syc_dem，右键执行新建正射影像，设置 DOM 的 X 方向间距和 Y 方向间距为 0.2，设置好之后在空白处点击确认，如图 5.97 所示。

（5）点击新建的 DOM 节点，右键添加 DEM，再右键添加影像，生成 DOM，如图 5.98 所示。

图 5.97　新建正射影像
　　　　　并设置参数

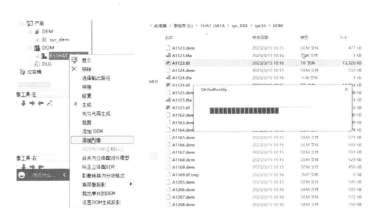

图 5.98　生成 DOM

2. DOM 编辑

下面利用 EPT 软件编辑 DOM，步骤如下：

（1）DOM 加载并镶嵌成图

打开 EPT 软件，新建工程→新建正射影像工程，加载 mm 工程文件、DEM 文件、正射影像，点击确定，生成镶嵌工程。

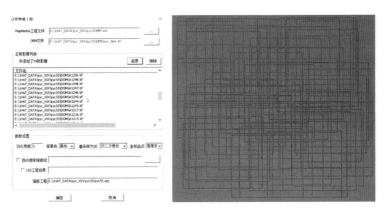

图 5.99　加载 DOM

划分图幅→批量划分→添加任意图幅，点击画框，包围镶嵌工程，点击确定。DOM 镶嵌成图，系统默认蓝色线为镶嵌线。

（2）编辑镶嵌线

对单片正射影像进行纠正，航测数据后处理系统利用智能算法自动搜索绕过房屋、树冠、水域等区域的镶嵌线,对单个影像的正射纠正影像进行智能化镶嵌,从而获得高质量的 DEM 镶嵌成果。系统对 DOM 数据建立影像金字塔,可拼接较大的 DOM 数据文件,一般一个航测区域镶嵌成为一个 DOM 文件。

编辑镶嵌线需要注意以下几点:

①要尽量避开房屋,尽量绕行居民区,实在无法绕行的地方要保证房屋的完整性、连续性、合理性。

②沿着色彩对比度比较大的地方走。

③在田块里面,尽量沿着田埂走。

④不要轻易横穿双线路及其他线状地物,找个区域过渡。

⑤镶嵌线不要与别的镶嵌线相交,也不要自相交。

⑥羽化值在没有必要修改的情况下尽量不要设置过大。

点击镶嵌线编辑按钮,如图 5.101 所示。

图 5.100　镶嵌成图

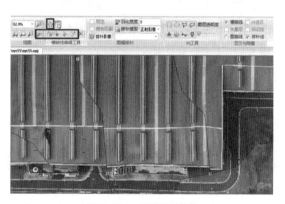

图 5.101　编辑镶嵌线

添加点按钮:在两个白色点之间的线上编辑,鼠标靠近一条线,起点捕捉到线上,落点也捕捉到线上,右键结束,如图 5.102 所示。

移动点按钮:可以拖动镶嵌点,但是要确保镶嵌线不能相交,如图 5.103 所示。

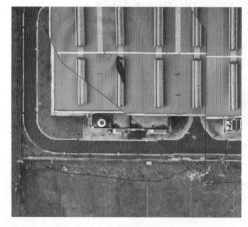

图 5.102　编辑镶嵌线:添加点

图 5.103　编辑镶嵌线:移动点

（3）扭曲修补

DOM生成要基于已编辑的DEM,如果DEM未编辑,就会生成扭曲的房子。

点击图幅修补选区的修补影像按钮,绘制修补范围(见图5.104),选择修补模型为"正射影像"或"原始影像",如图5.105所示。

修补影像时,在正射影像状态下,框选范围后再点击调整到原始影像状态按钮。

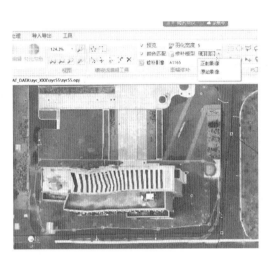

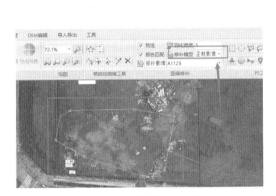

图5.104　绘制修补范围　　　　　　　图5.105　选择修补模型

（4）影像匀光匀色处理

航摄影像上可能存在单幅影像内部亮度分布不均问题或者邻近影像之间的色彩差异问题。系统利用匀光匀色功能对影像内部与影像之间的颜色问题进行处理。

（5）单色正射纠正处理

在航空摄影中,无法保持相机的严格水平且测区地面存在起伏,致使像片上的构像产生像点位移、图形变形以及比例尺不一致等问题。通过投影变换,可将垂直摄影的航摄像片转换为相当于航摄相机物镜主光轴在铅垂线位置拍摄的水平像片,并统一比例尺,从而消除这些误差。

（6）色调一致性处理

对于无法使用色调模板进行色差消除的不同架次航摄数据,进行二次匀光匀色处理,消除影像之间的色彩差异,控制整个测区的整体色调。

（7）正射影像编辑

检查正射影像的接边情况,对由投影差引起的影像拼接问题进行人工干预,重新选取拼接线。

利用多机协同的交互式编辑功能对DOM进行一体化的编辑,解决全自动处理过程中可能产生的颜色问题、几何变形问题及接边缺损等问题。多人同时编辑同一个DOM成果文件,不同作业人员编辑不同的区域,该区域的编辑结果实时反馈到其他作业人员,避免作业人员之间的接边问题。

3. DOM 精度检查

在MapMatrix软件中进行精度检查及控制点导出的操作步骤如下:

① 进入精度检查功能。点击菜单栏中的"镶嵌工程",选择"检查精度",进入"精度检查"对话框,如图 5.106 所示。

② 导入控制点数据。在"精度检查"对话框中,点击"导入控制点",选择对应的控制点文件(如.TXT 或.DAT 格式),将其加载至当前工程。

③ 点位校正。在控制点列表中,选中第一个控制点(或需调整的点位)。

点击"+"(加号)进入编辑模式,手动在影像上精确点击该控制点的正确位置,完成坐标微调。

④ 导出精度报告。校正完成后,点击"导出报告",生成精度评估结果(通常为 HTML 或 EXCEL 格式),包含点位残差、中误差等数据,供后续分析使用。

该流程确保控制点与影像精确匹配,并输出可量化的精度验证报告。

测区内、外作业过程和质量控制要按照设计要求执行。经最终检查,DOM 格式正确、清晰、反差适中、色调均匀、质量优良。

4. DOM 成果保存

对图 5.107 所示的 DOM 成果,点击保存,生成 mapsheet 文件夹,这样拼接的 DOM 成果就保存在 mapsheet 文件夹中。

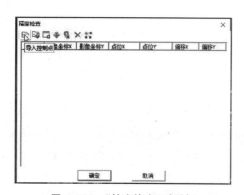

图 5.106 "精度检查"对话框

图 5.107 DOM 成果

任务 5.3 DLG 制作

利用空中摄影获取的立体像对,重建按比例尺缩小的地面立体模型,在模型上进行量测,测绘出符合规范符号和比例尺要求的地形图,获取地理基础信息,这是摄影测量的主要工作。

本任务参考《1∶500 1∶1000 1∶2000 地形图航空摄影测量内业规范》(GB/T 7930—2008)、《基础地理信息数字成果 1∶500 1∶1000 1∶2000 生产技术规程 第 1 部分:数字线划图》(CH/T 9020.1—2013)和《国家基本比例尺地图图式 第 1 部分:1∶500 1∶1000 1∶2000 地形图图式》(GB/T 20257.1—2017)的相关规定执行,以航天远景教学系统的数据处理软件 MapMatrix、FeatureOne 为例,介绍基于传统双目立体测图的 DLG 制作方法。DLG 制作流程图如图 5.108 所示。

图 5.108   DLG 制作流程图

5.3.1 准备工作

5-18 资料
准备

1. 资料准备

测图所需资料包括影像数据、空三加密成果、相机文件、相关技术要求、已有修补测图等。

2. 创建工程

5-19 工程
创建

① 打开 MapMatrix 软件,点击"文件"→"加载工程"弹出"选择工程文件"对话框,如图 5.109 所示。

② 在加载的工程"SJC1Q"上右键选择"编辑相机文件",X、Y 方向主点偏移值均为默认值,填入"焦距"并保存,如图 5.110 所示。

图 5.109   加载工程

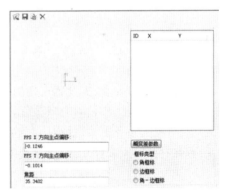

图 5.110   编辑相机文件

说明:若影像在空中三角测量之前未做畸变矫正,则 X、Y 方向的偏移值为默认值;若已进行畸变矫正,则 X、Y 方向的偏移值均为"0"。

③ 在工程浏览窗口的"影像"节点处右键选择"数码量测相机内定向",在已加载的工程处右键选择"创建立体像对",如图 5.111 所示。

④ 在工程浏览窗口中点击"产品"→"DLG",右键选择"新建 DLG"在新建的 DLG 上右键选择"加入立体像对"→"数字化",如图 5.112 所示。

⑤ 数字化后,启动 FeatureOne 采集窗口,在"设置工作区属性"对话框中设置比例尺为 2000(见图 5.113)点击"确定"。

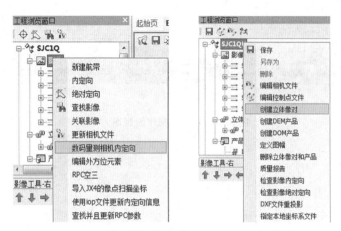

图 5.111 数码量测相机内定向和创建立体像对

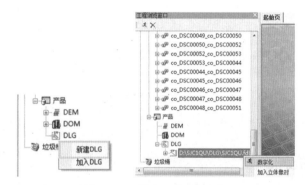

图 5.112 新建 DLG、数字化

说明:根据项目要求,需设置正确的符号库及比例尺。此处以 1∶2000 为例,"设置工作区属性"对话框中的其余参数均为默认值,如图 5.113 所示。

⑥ 在工程区中点击某一像对,右键选择"实时核线像对",如图 5.114 所示,打开立体影像(注意:若此时像对无法打开,需查看选项设置中的"高性能立体模式"是否打开)。

图 5.113 设置工作区属性

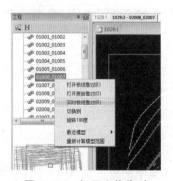

图 5.114 打开立体像对

3. 选项设置

点击"工具"→"选项"→"影像视图"→"高性能立体模式"→"确定",如图 5.115 所示。

说明:在"选项"设置中可根据操作需求,对"矢量视图""咬合设置""数据保存"及"用户操作习惯"等参数进行相关设置。"高性能立体模式"是与"实时核线像对"相对应的,若"高性能立体模式"未启动,则"实时核线像对"无法打开。

4. 符号化配置

点击"选项"→"符号化配置",在右边的配置路径中找到 MapMatrix 安装文件夹下的 config 文件夹,然后选择要求的符号库,如图 5.116 所示。

圆弧容差:数值越小,画的样条曲线就越光滑,但是线串化后结点数会越多,导致数据量越大。

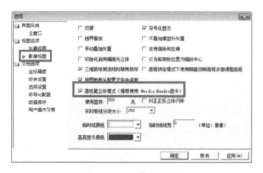

图 5.115　选项设置

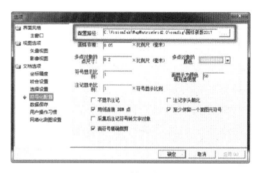

图 5.116　符号化配置

5. 范围线导入

导入测图范围:"工作区"→"导入"→"导入 DXF/DWG",弹出图 5.117 所示的对话框;在"工作区"→"设置矢量文件参数"→"设置边界为矢量数据外包",确定最佳测图区域。

6. 模型精度检测

测图前导入控制点及检查点,使其与立体套合,检查定向精度。在 FeatureOne 软件中,首先导入控制点及检查点,然后在对应的控制点与检查点位置采集相应的测试点坐标,最后导出检查报告,如图 5.118 所示。若检查报告的限差值符合测图要求,则可开始数据采集。具体流程可参考 DEM 采集编辑中工程及立体模型的精度检测。

说明:在导出的检测报告中可查看平面较差与高程较差的最大值、最小值及标准误差值。根据规范及项目要求,不同项目的平面较差值与高程较差值的限差要求有所不同。

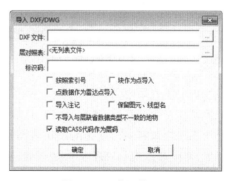

图 5.117　范围线导入

name	x1	y1	z1	x2	y2	z2	dxy	dz
1001	544779.3135	3606179.7030	1533.3173	568779.3986	3406179.6963	1532.9547	0.0854	0.08626
1005	534845.1334	3605842.1840	1538.2776	584845.1815	3405842.1740	1538.3153	0.0492	0.0376
1008	545498.5710	3605845.6360	1540.1350	585498.5542	3405845.0895	1540.0895	0.0544	0.0455
10010	563062.2378	3605444.5320	1533.2785	585062.3404	3405444.4979	1533.4059	0.01081	0.0274
10012	545497.5068	3605472.6290	1538.9209	585497.3852	3405472.5366	1538.5572	0.01528	0.01637

	min	max	RMSE
dxy	0.0492	0.08528	0.0977
dz	0.0376	0.0237	0.0381

图 5.118　精度检测报告

5.3.2　数据采集

对于测区范围内的各地形要素,按照《国家基本比例尺地图图式 第 1 部分:1∶500 1∶1000 1∶2000 地形图图式》(GB/T 20257.1—2017)要求逐一采集表达。下面对具有代表性、特殊性要素的采集方法及注意事项进行详细介绍。

5-22 点状
要素采集

(1) 点要素采集

点状地物(独立地物)包括控制点、独立符号、工矿符号等要素,在采集相关点要素时,需根据符号的特性在其相应的定位点上采集。

对电杆、路灯等较明显的独立地物进行立体判读时,应以相应的要素符号表示,并用测标与地物中心底部相切来精确采集;对不明显的地物,应通过外业补调,内业细判补测;高程点应切准裸露地面的实际高程进行采集。旗杆、路灯的采集如图 5.119 和图 5.120 所示。

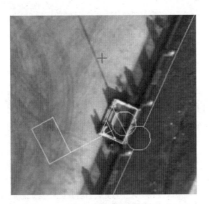

图 5.119　旗杆

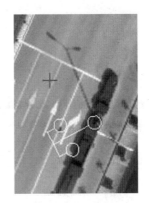

图 5.120　路灯

(2) 线要素采集

线状要素包括管线、道路、水系、地貌等,在采集时需注意地物的形状特征,每个点都应切在地物拐角拐弯和地形变化的地物表面处。双线要素沿地物边线采集,单线要素沿地物中心线采集;河流岸线应切在常水位地表处;陡坎切在上棱线的地表位置;斜坡应采集坡脚线以控制坡长范围。拐弯处适当增加节点,保持线条自然光滑。

① 道路在采集时需注意交叉路口处保持贯通圆滑,如图 5.121 所示。

② 等高线作为主要的地形表达要素,采集时不仅要满足等高线的基本特征要求,如闭合、不相交等,还要用有形的线表达出无形的山体特征,完整准确地重现山体的形状,如图 5.122 所示。在采集时,按从低往高、先画计曲线再画首曲线的原则来进行采集。

图 5.121　道路

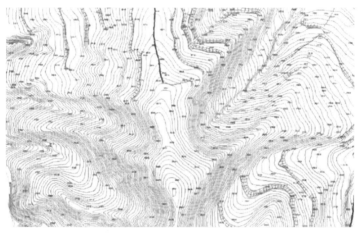

图 5.122　等高线

（3）面要素采集

面状地物如居民地、植被、水塘等要素。

①在立体下采集时，需先找好立体感，立体模型中地物轮廓全部可见的，用测标中心切准地物外轮廓。居民地及高层建筑的矩形建筑物，测标应切准房屋的房角，直角化采集房屋的最外边沿；非矩形房屋，则不能直角化处理。河流无滩陡岸、湖泊、池塘边线，测标切在上沿线位置；有滩陡岸的河流岸线应切在常水位地表处；水库、山塘测定一个常水位高程，锁定高程实切山体地形表面平滑采集。

5-24 面状
要素采集

②实景三维模型采集要素时，应实时旋转三维视图。采集房屋时，测标应切准房屋的拐角处，矩形房屋直角化采集房屋地基的边沿，非矩形房屋则不能直角化处理；水库、池塘测定一个常水位高程；田块按真实边界采集。

面状要素在采集时要保证其封闭性，如部分地物采集中不能构成面时，可使用地类界进行面的闭合。房屋的采集均应按从高往低、先整体后局部的原则逐一进行采集。房屋、依比例涵洞的采集如图 5.123 和图 5.124 所示。

图 5.123　房屋

图 5.124　依比例涵洞

5.3.3　数据检查

采集完成的 DLG 成果需进行以下检查：

（1）等高线合法性检查

① 同一条等高线上高程值处处相等。

② 等高线的高程值是否为整数值。

③ 等高线是否有缺失。

④ 计曲线、首曲线的属性是否正确。

⑤ 高程点与等高线逻辑关系检查。

⑥ 等高线与特征线矛盾检查。

（2）图面整饰检查

① 高程点、植被符号及各层注记间的压盖修改。

② 居民地注记、交通注记、植被注记、独立地物注记、高程点注记等字体及大小设置。

③ 河流流向的正确性：其流向箭头的方向为高程递减的方向。

④ 查看地物是否有漏绘。

⑤ 地物表述矛盾，符号交叉如道路与陡坎、沟渠等符号冲突检查。

（3）图形空间关系检查

① 悬挂点检查。

② 交叉线检查。

③ 空间逻辑检查。

④ 重叠对象检查。

⑤ 自相交检查。

⑥ 面对象相交检查。

⑦ 面对象与缝隙漏洞检查。

5.3.4　数据接边

DLG 的接边分两种情况：第一种，在采集过程中相邻立体像对之间的接边；第二种，采集完成后相邻作业区之间的接边。

在采集过程中相邻立体像对之间的接边,需在立体下找出相邻像对之间高差变化较小的地方作为最佳采集范围。依次类推,完成采集过程中相邻立体像对之间的接边,从而保证数据的连续性。

相邻作业区数据接边之前,需先将邻近的作业图幅引入现有的矢量图幅工程中,在MapMatrix软件中引入的方法有两种:

① 参考矢量图(只能是.fdb格式):点击"工具"→"参考文件"→"参考矢量文件管理",在"参考数据文件"对话框中点击"添加",将相邻作业员的数据导入后接边。

② 导入图幅(.fdb、.dxf等):点击"工作区"→"导入"→"导入DXF/DWG"。

根据地形地貌与相邻图幅进行接边,做到接边一致、属性正确、图形美观,如图5.125所示。

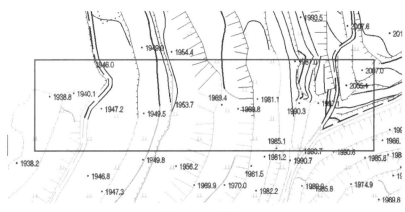

图5.125　接边

5.3.5　成果输出

(1)调绘底图

先整理图形,使图面美观、干净,方便外业调绘使用。整饰完后点击"分幅"→"图廓整饰",在弹出的对话框中设置图名、检查员、资料说明、附注、图外左边版权机关、图外右边制作单位后选择地物,点击"确定",然后点击"工具"→"参考文件"→"参考影像",在"参考影像"对话框中选择"任意"来添加影像文件,再点击"工作区"→"打印设置"→"参考文件",设置完打印参数后进行底图的打印。

(2)矢量数据

导出数据:点击"工作区"→"导出"→"导出DXF/DWG",在弹出的"导出DXF/DWG"对话框中设置"文件路径",点击"导出符号",勾选图5.126所示的各个选项后点击"确定",将导出成果在CASS软件下进行编辑,最终成图,如图5.127所示。

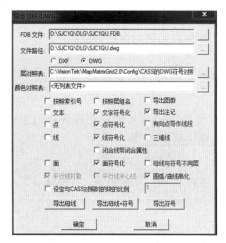

图 5.126 数据导出图

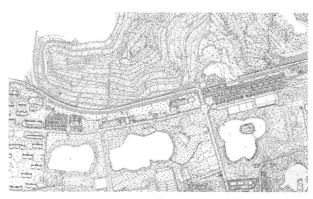

图 5.127 DLG 成果

5.3.6 外业调绘

　　外业调绘是在内业测图工作完成后进行的,内业采集、编辑结束后形成回放图,由外业进行全野外的调绘。实地调绘时,主要对三维模型成像模糊、阴影遮挡及内业无法判别的地物地貌进行实地踏勘,并进行补测,同时对内业成图的错、漏问题进行更改,对单位名称及地理名称进行调注。

　　外业调绘时,要对所有地物、地貌进行定性,补调隐蔽地物,纠正内业在采集定性方面的错误和丢漏。无法用栓距法定位的用全站仪补测坐标。

　　图面中的颜色按以下规定执行:

　　黑色:正规表示的各种地物、独立地物、房屋及其附属设施轮廓线及量注的尺寸、栓距、小路、内部道路、花坛边线、境界、人工植被、管线、电杆、居民地名称等。

　　红色:铁路、公路、等外公路、地类界、电力线通信线的拐叉点,变压器的闪电符号、各种植被土质的文字简注、房屋层数、房屋附属设施的定性代码、新增重要地物及尺寸,所有已采集成图不表示的地物,图说明、水井、干沟、输水槽、水准点,所有水系的线画及宽度、流向、水系名称等。

　　业要对图面上所有采集的要素定性,拆除后尚未施工的地区,用地类界画出范围,正在施工的内注蓝色"施工区"。已封顶的楼房,按建成表示,需标注尺寸。尚未封顶,但能确定边界,实测外围边线,内注"建"。正在建筑中的农村平房可按建成表示。凡采集时表示的地物,成图时不表示的要用红色打叉。

　　无法进入的军事或其他禁区,内注蓝色"禁区",按模型确定建筑物的层数,不改房檐。

　　内业注:"A"为模型不清、外业需定性的地物;"B"为对位置不确定的,需检测位置;"J"为建筑中的房屋,调绘时已建成的按一般房屋表示,正在建筑的外业注"建",按建筑中房屋表示。

　　调绘时各地物要素的表示应反映实地特征,要素间的关系表示要协调合理,要素表示要齐全,以地物的实地位置为准,按照要素选取指标进行综合与取舍。

5.3.7 成果整理

1）内业补充修改

调绘完成后，依据外业调绘成果对内业采集完成的DLG数据进行修改和各要素的属性完善工作，如内业采集时看不清、看不准、遗漏的房前屋后的陡坎、围墙、路灯、管线的属性、走向及植被种植属性等外业已判绘的进行补充编辑，并在模型下补充采集。

2）图幅接边编辑

DLG数据修改完成后，相邻数据应再次进行接边处理，以保证数据的连续性和完整性。

3）精度检查

需利用外业检查点对DLG内业整理完成的最终成果进行精度检查。

进入FeatureOne软件，点击"工具"→"检查点精度分析"，弹出检查对话框，点击工具"⬚"添加检查点文件，导入检查点后点击"⊞"工具，在立体像对中选择所加检查点对应的同名点，得到右侧"测试点坐标"，最后点击"％"导出".txt"格式的检测报告。

4）坐标转换

坐标转换的方法可根据需求进行选择，下面以二维转换方法为例对坐标转换进行说明。

在CASS软件中打开整理完成的DLG成果及同名点数据，点击菜单栏中的"地物编辑"→"坐标转换"工具，在"坐标转换"对话框中添加公共点文件。其中：一种方法为逐个点击公共点坐标进行拾取添加，另一种方法为点击"读入公共点文件"进行添加，如图5.128所示。

图 5.128 导入公共点文件

将公共点文件导入后，点击"计算转换四参数"，从而得到图5.129所示的参数值。

图 5.129 计算转换四参数

选择转换方式"图形"，点击使用四参数转换后全选需转换的图形来完成坐标转换。

5) 地形图分幅

(1) 图廓属性设置

在 CASS 软件中点击"文件"→"CASS 参数配置",按照图形比例要求设置图廓属性,例如 1∶1000/1∶2000 地形图的设置,如图 5.130 所示。

说明:1∶500 地形图的坐标标注位数及图幅号小数位数设置"2";单位名称和坐标系、高程系、日期根据项目而定;字体要求按照图示设置。

(2) 分幅输出

在 MapMatrix 软件中点击"分幅"→"标准矩形分幅",再点击"分幅"→"分幅输出(DXF)",在"批量输出图幅"对话框中选择"存放目录","导出图廓"选择"是"后,点击"确定"导出图幅。

在 CASS 软件中打开导出的图幅,点击"文件"→"加入 CASS 环境",点击"绘图处理"→"批量分幅"→"批量输出到文件"后,完成最终图幅分幅,如图 5.131 所示。

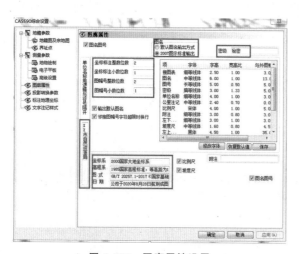

图 5.130　图廓属性设置

图 5.131　分幅输出

6) 元数据制作

(1) 元数据

元数据就是描述数据的数据,主要是描述数据属性的信息,用来支持如指示存储位置、历史数据、资源查找、文件记录等功能。

(2) 元数据文件的记录

元数据文件为一个纯文本文件,其结构采用左边为元数据项,右边为元数据值的存储结构,并且不限定字节数。

① 元数据内容中所列出的各元数据项是元数据文件中都必须提供的项,应逐项记录,不应有空项。有值时,必须如实记录;无值时,记为"无";值未知时,记为"未知"。其中某些元数据项的值可以根据不同的作业方法、产品需要或用户要求进行选择和增加,允许缺省。

② 元数据文件一般以图幅为单位进行记录。

③ 元数据文件的记录应根据生产、建库和分发等不同阶段分别进行记录。

④ 元数据文件中某些需用文字说明的数据项,应以简洁、清晰的语言完整表达。

⑤ 文档中填写的项目,其值和说明应与元数据文件中相应项目符合一致。

⑥ "产品名称"应记录产品的全称,如1∶2000数字线划图(DLG)。

⑦ "产品生产日期""产品更新日期"应记录产品最后一次生产、更新的日期。

⑧ "出版日期"是指数字产品包装完成,可以对外提供的日期。

⑨ "图名""图号"应记录新的图名、图号,如果图名中出现目前字库中没有的汉字时,可以用拼音代替并附加说明;

⑩ "图外附注"是指图廓外对图内某要素的附注说明信息。

5.3.8 技能训练

1. 创建工程

(1)打开 MapMatrix 软件,加载 MM 工程,如图 5.132 所示,右键选择"新建 DLG",右键选择"加入立体像对",右键选择"数字化",比例尺设为 2000,默认打开.fdb 矢量文件。

图 5.132 新建 DLG 和加入立体像对

(2) 点击工作区→导入→导入控制点,在弹出的"导入控制点"对话框中将"只导入图幅范围内的点""生成一条连线"的勾选取消,如图 5.133 所示,使模型显示在真实的工作范围内。

图 5.133 导入控制点

(3) 点击工作区→设置矢量文件参数→设置边界为矢量数据外包,如图 5.134 所示。

(4) 选择要绘制的立体像对,右键选择实时核线像对。

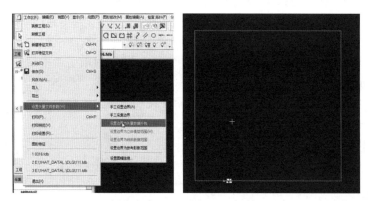

图 5.134　设置矢量文件参数

2. 数据采集

按快捷键 F2,打开采集窗口,开始立体采集。

（1）点

在采集窗口找到电杆、路灯、高程点等,然后测标贴合地面采集。

（2）线

①道路:

在采集窗口找到"县道乡道细边双线",在平行线绘制设置中,勾选"结束时打散",如图 5.135 所示。

曲线修测:F7 捕捉设置,勾选最近点,F8 快捷键打开捕捉,如图 5.136 所示。

图 5.135　平行线绘制设置

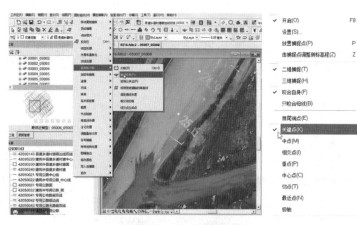

图 5.136　曲线修测

选择线串,沿着路的实际情况绘制,如图 5.137 所示。如绘制错误,可以按 Backspace 键回退。

十字路口的连接:图形修改→修测和打断→打断,如图 5.138 所示。

曲线修测:将十字路口连接起来,方法是进行曲线修测设置,不勾选高程对应使用特征缺省设置,最后保存,如图 5.139 所示。

图 5.137　道路绘制

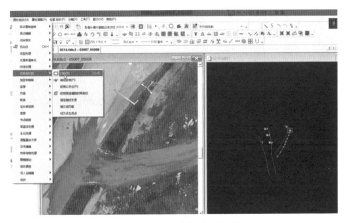

图 5.138　图形修改→打断

图 5.139　曲线修测设置

②坎：

在采集窗口找到"陡坎"，依次采集点位，如图 5.140 所示。

如果陡坎的齿反向，使用"图形修改"→"反向"功能改变方向。

③等高线：

在采集窗口找到"计曲线""首曲线"，先绘制计曲线（见图 5.141），再内插首曲线。

图 5.140 陡坎采集   图 5.141 绘制计曲线

每隔 4 条计曲线内插 1 条首曲线，图形修改→内插→曲线内插，在 fdb 窗口沿着计曲线画竖线，如图 5.142 所示。

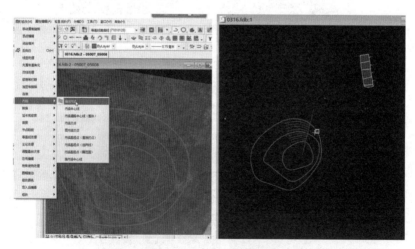

图 5.142 首曲线内插

点击工具→层管理，查看采集要素，设置颜色，如图 5.143 所示。

继续用曲线内插将首曲线绘制完，然后用"闭合"功能将曲线闭合，如图 5.144 所示。

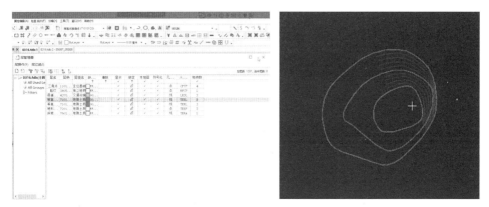

图 5.143 等高线颜色设置

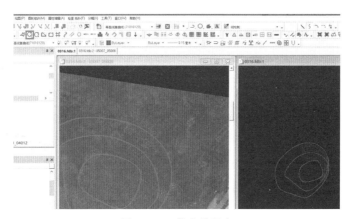

图 5.144 等高线闭合

（3）面

① 房屋:在采集窗口找到"一般房屋";先绘制高的房屋,绘制完成后,在对象属性窗口录入属性,如"房屋层数",如图 5.145 所示;接着绘制低的房屋。

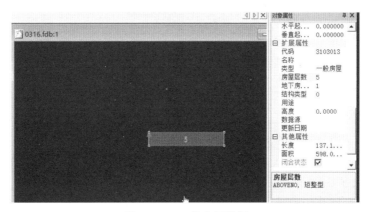

图 5.145 一般房屋绘制

点击绘图→面→自动完成面,如图 5.146 所示,完成面的绘制。

图 5.146　自动完成面

②旱地:在采集窗口找到"旱地_面",绘制旱地。

3. 成果输出

点击工作区→导出 DXF/DWG,弹出"导出 DXF/DWG"对话框,进行参数设置后,导出 DLG,如图 5.147 所示。

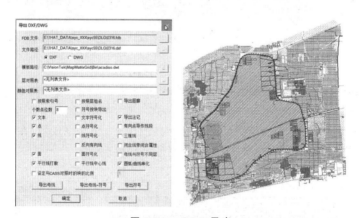

图 5.147　DLG 导出

🔗 课后习题

1. 什么是 3D 产品?
2. 简述 3D 产品的生产流程。

项目6　外业调绘

📝 **教学目标**

1. 了解影像调绘的内容及要求。

2. 掌握图纸调绘的内容及要求,能根据内业处理的纸质版地图进行实地调绘工作,保证成图质量。

📖 **思政目标**

本项目采用外业图纸调绘方法,将内业生产的 DLG 对照实地进行调绘、检查、补测,培养学生一丝不苟、精益求精的工匠精神,帮助学生树立规范意识,严格遵守职业道德,具备摄影测量员的职业素养。

6-1 国家职业技能标准——摄影测量员

🔧 **项目概述**

本项目以项目 2 中的测区为例,在项目 2、项目 3、项目 4、项目 5 已完成外业影像获取及控制点的布设和测量、内业数据处理的空三加密和 3D 产品制作的基础上,进入外业调绘阶段,将内业生产的 DLG 对照实地进行外业调绘,并对跨河建筑物进行补测。

1. 任务

(1) 外业调绘。

(2) 外业补测。

(3) 质量评定。

2. 已有资料

(1) 航天远景教学系统。

(3) CASS 9.1 软件。

(2) 3D 产品。

摄影测量外业工作的另一项任务就是外业调绘工作。我们知道,像片上虽然有地物、地貌的影像,但按影像把它们描绘下来并不是地形图信息,这是由于地形图上表示的地形要经过综合取舍,并按一定的符号规范表示。另外,地形图上还必须标注地形、地物的名称,以及数量、质量、说明注记等,所以,要达到地形图的要求,还必须实地调查,并将调查结果描绘注记在像片上,这便是外业调绘工作。

在对航摄像片进行判读的基础上,根据用图的要求,进行适当的综合取舍,并按图式规定的符号将地物、地貌元素描绘在相应的像片或数字线划图上并做各种注记号,然后进行室内整饰,这些工作称为外业调绘。外业调绘是用摄影测量方法测绘地形图的作业过程:用判读知识将像片或数字线划图进行实地调查和补测,并对地形图上需要表示的地物、地貌和地理名称等要素经制图综合后,用规定的符号和注记号标绘在像片或线划图上,以供进一步测绘地形图之用。经实地调查,用规定符号绘出必要的地物、地貌并注记相关名称的像片称为调绘像片,简称调绘片。在特殊情况下,也可以在实地调绘典型样片,其余的参照典型样片和有关资料通过像片判读在室内进行。

外业调绘的主要内容如下:

① 外业调绘前的准备工作;

② 地物、地貌判读;

③ 地物、地貌元素的综合取舍;

④ 调查有关情况和量测有关数据;

⑤ 补测新增地物;

⑥ 像片或数字线划图着墨清绘;

⑦ 接边;

⑧ 检查验收。

外业调绘是内业编辑及制作最终地形图的主要依据,也是外业所有工序中技术含量最高、最复杂的一个工序,调绘者要认真对待该项工作,学会各种作业方法。

外业调绘主要分为影像调绘和图纸调绘两种方法。一般情况下,影像调绘主要用于中小比例尺的地形调绘,比例尺最大也不超过 1∶2000。对于大比例尺测图,如 1∶500、1∶1000,依影像调绘很难达到精度要求,故而需要采用图纸调绘的方法。有时候,1∶2000 也用图纸调绘方法。

任务 6.1 影像调绘

在摄影测量方法测绘地形图作业过程中,立体模型上的部分地物信息不能直接获取,主要是属性信息及部分被树木遮挡的几何信息,这些信息就需要作业员到实地调查或进行补测。

影像调绘在航测成图过程中的地位非常重要,是航测外业的主要工作之一,其成果是内业测图的基础资料、主要依据。调绘的内容如果有差错,内业是难以发现和纠正的,对成图结果影响十分严重。因此,在影像调绘时,必须认真负责、一丝不苟,以确保成图质量。

6.1.1 影像判读及影像调绘的概念

6-2像片判读

1. 影像判读的概念与特征

影像判读是根据地物的波谱特性、空间特征、时间特征和成像规律,对提供了丰富地面信息的影像,识别出与影像相应的地物类别、特性和某些要素,或者测算某种数据指标,为地形图测制或为其他专业部门需要提供必要的要素的作业过程。该过程是进行影像控制选点和影像调绘的基础。

这里所说的影像,主要包括航片(航摄影像)和卫片(卫星拍摄的遥感影像)。由于成像机制的不同,遥感影像会有更多的表现形式,但总体上经常使用的真彩色遥感影像与航摄影像都有相似的 8 大判读特征:形状、大小、阴影、相关位置、纹理、图案结构、色调与色彩、活动等。

1）形状特征

形状特征是指物体外轮廓所包围的空间形态。航摄影像上地面物体的形状是物体的俯视图形。根据形状特征识别地物应注意以下问题：

① 由于航摄影像倾斜角很小，对于运动场等不突出于地面的物体，在影像上影像的形状与实际地物的形状基本相似。

② 对于烟囱、水塔等高出地面而具有一定空间高度的物体，由于受投影差的影响，其构像形状随地物在影像上所处的位置而变化。地物位于像主（底）点附近，不论空间高度如何，在影像上的构像都是地物顶部的正射投影图形；地物位于像主（底）点以外，在影像上的构像由顶部图形和侧面图形两部分组成，顶部图形产生变形，面向像主点的侧面则随离开像主点的距离大小而变化。

③ 由于影像比例较小，某些小地物的构像形状变得比较简单，甚至消失；如长方形的小水池的构像变成一个小圆点，这时就不能从形状上去识别地物了。

④ 同一地物在相邻影像上的构像由于投影差的大小、方向不同，其形状也不一样。

⑤ 对于突出地面的物体，通过立体观察可以看到物体的空间形状，应从更有利的空间状态去识别地物。

2）大小特征

大小特征是指地物在影像上构像所表现出的轮廓尺寸。精确量测出地物构像的尺寸，根据影像比例就能计算出地物的实际大小；地面许多同类地物都可以用大小特征来判定，如体育场与篮球场、公路与小路、大房屋与小房屋、大水库与小池塘等，其大小都有明显区别。

在航摄影像上，平坦地区的地物与其相应构像之间，由于影像倾斜角很小，基本上可以认为它们存在着统一的比例关系，即实地大的物体在影像上的构像仍然大；但在起伏大的地区，影像上各处的比例尺不一样，因而同样大小的地物，处在高处的比处在低处的在影像上构像要大。

需要指出的是，地物构像尺寸不仅取决于地物大小和影像比例尺，还与影像倾斜地形起伏、地物形状及其亮度等因素有关；与其背景形成较大反差的线状地物，如道路，在影像上的构像宽度一般都超过按比例尺寸计算的实际宽度。

3）阴影特征

高出地面的物体在阳光照射下进行摄影时，在影像上会形成三部分影像。受阳光直接照射的部分，由其自身的色调形成影像；未受阳光直接照射，但有较强的散射光照射所形成的影像，称为本影；由于建筑物的遮挡，阳光不能直接照射到地面，而只有微弱散射光照射，在建筑物背后的地面上所形成的阴暗区，即建筑物的影子，称为阴影或落影。阴影和本影有助于增强立体感，对突出地面的物体有重要的判读意义，特别是对于烟囱等俯视面积较小而空间高度较大的独立地物，仅根据它们顶部的构像形状很难识别，而利用阴影特征则可以准确定位和定性。但在影像判读时，阴影也有不利的方面。阴影色较深，使处在阴影中的地物变得模糊不清，甚至完全被遮盖，从而给判读带来困难或错误。

需要注意的是：在同一张影像上，阴影具有方向一致的特点；在相邻影像上，如果不是航区分界线，阴影的方向也基本保持不变。但利用阴影特征进行判读时，不能以阴影的大小作为判定地物大小或高低的标准。因为物体阴影的大小不仅与物体自身的形状、大小有关，还与阳光照射的角度和地面坡度有关；阳光入射的角度大，阴影小；反之，则大。

4）相关位置特征

相关位置特征是地物的环境位置、空间位置配置关系在影像上的反映。一种地物的产生、存在和发展总是和其他某些地物互相联系、互相依存、相互制约的,地物之间的这种相关性质称为相关位置特征。据此进行推理分析,就可以解释一些难以判读的影像。如铁路、公路与小溪、沟谷的交叉处一般会有桥梁或涵洞,采石场与石灰窑、学校与运动场等都有不可分的联系,一种地物识别出来后,另一种地物就可根据它们之间的联系规律比较容易判定。

在影像判读时,影像上总有些地物可以直接识别出来,利用这些已经识别的地物和周围地物的关系,就可以找到某些影像不清或构像很小、不易发现的重要地物,从而判定其位置和性质。例如,草原、沙漠中发现有几条小路通向同一个点状地物,基本可判定这里是水源。

5）纹理特征

一根草、一棵树等细小地物在航摄影像上的成像没有明显的形状可供判读,但成片分的细小地物在影像上成像可以造成有规律的重复,使影像在平滑程度、颗粒大小、色调深浅、花纹变化等方面表示出明显的规律,这就是纹理特征。纹理特征是地物成群分布时的形状大小、性质、阴影、分布密度等因素的综合体现,因此每种地物都有自己独特的纹理特征。利用纹理特征可以区分阔叶树林与针叶林、树林与草地、菜地与旱地等。

6）图案结构特征

如果说纹理特征是指地物成群分布时无规律的积聚所表现出的群体特征,那么地物规律的分布所表现出的群体特征就称为图案结构特征。如经济林与树林都是由众多的树组成的,其空间排列形状有明显差别;天然生长的树林的分布状况是自然选择的结果,而人工栽种的经济林则是经过人工规划的,其行距、株距都有一定的尺寸。有经验的农艺师甚至可以根据图案结构的微小差异,区分各种经济林的性质。利用图案结构特征还可以区分各类型的沙地、居民地等地物。

7）色调与色彩特征

不同地物对电磁波(光)反射、吸收及辐射能力不同,地面物体本身又呈现出各种自然色彩。在黑白影像上能见到由黑到白、深浅程度不同的物体影像;影像上反映出的这种黑白层次称为色调。一般情况下,不同的地物在影像上就会形成不同的色调;在可见光范围内摄影时,凡物体本身为深色调,则在影像上的影像色调无疑较深;凡物体本身为浅色调或白色,影像色调也较浅。因此,针对同一地区同一时间获取的影像,色调的变化是可以比较的。

色彩特征只适用于彩色影像。在彩色影像上各种不同物体反射不同波长的能量(地物波谱特性),影像以不同颜色反映物体特征;判读时,不仅可以从彩色色调,而且可以从不同颜色去区分地物,因此具有更好的判读效果。

8）活动特征

活动特征是指判读目标的活动所形成的征候在影像上的反映。工厂烟囱排烟、河流中船舶行驶时的浪花、履带式车辆走后留下的履带痕迹、污水向河流中的排放量等都是目标的活动特征,是判读的重要依据。

需要注意的是,对地物进行判读不可能只用一种特征,只有根据实际情况综合运用上述各种判读特征,才能取得较满意的判读效果。若具备丰富的经验和知识,就能表现出较高的判读水平。

2. 影像调绘的概念

影像调绘就是在对航摄影像上的影像信息进行判读的基础上,对各类地形元素及地理名称、行政区划名称按照一定的原则进行综合取舍,并进行调查、询问、量测,然后以相应的图式符号、注记表示或直接在数字影像上进行矢量化编辑转绘,为航测成图提供基础信息资料的工作。

6-3 GBT 20257.1—2017 国家基本比例尺地图图式

影像调绘是航测外业的主要工作,其成果是内业测图的基础资料和主要依据。

与地形图图式符号的 9 大类相对应,调绘工作同样分为 9 大要素:测量控制点、居民地及设施、道路及附属设施、管线及附属设施、水系及附属设施、境界、植被及土质、地貌、图式符号、地理名称与注记。

6.1.2 主要调绘要素

6-4 像片调绘

1. 测量控制点的调绘

永久性测量控制点是指实地设有永久性固定标志的测量控制点,它包括三角点、小三角点、GNSS 点、水准点、独立天文点及埋石的高级地形控制点等。

控制点是测制地形图和各种工程测量施工放样的主要依据。对于标志完整的测量控制点,航测成图时必须以相应符号精确表示,还应注出点名和高程,一般注在符号右侧。注记测量控制点的高程时,凡经等外水准以上精度联测的高程注至 0.01m,其他注至 0.1m,以供内业加密、测图以及作为重要地物描绘之用。

永久性测量控制点虽然属于需要调绘的内容之一,但从表示精度和工作方便角度出发,一般在航外控制测量过程中刺点并以相应符号整饰在控制影像上,再由内业按坐标展绘。因此,一般不调绘这些控制点。水准点和位于土堆上的三角点一般应在野外调绘。

位于居民地内的测量控制点,如果影响居民地的表示,其点名和高程均可省略。用烟囱、水塔等独立地物做控制点时,图上除表示相应地物符号、注出地物比高、点名和高程外,还应注出测量控制点的类别,例如三角点。当无法注记时,可在图外说明。

2. 居民地及设施的调绘

居民地是重要的地物要素,在识图、用图方面,居民地具有外形特征、类型特征、通行特征、方位特征、地貌特征 5 个重要特征,具有良好的方位作用。根据居民地的建筑形式和分布状况,一般可分为独立房屋、街区式居民地、散列式居民地、居民地等,下面重点介绍独立房屋和街区式居民地。

1)独立房屋

独立房屋是指在外形结构上自成一体的各种类型的单栋(独立)房屋。只要是长期固定,并有一定方位作用的独立房屋,以及居民地内外能反映居民地分布特征的独立房屋,不管房屋大小、形状、用途、质量如何,也不分住人或不住人,均以独立房屋表示。

调绘独立房屋时应注意以下问题:

① 保持真方向描绘。因为独立房屋方向有判定方位的作用,位于路边、河边、村庄进出口

处的独立房屋较重要,一定要真方向描绘。不依比例尺表示的独立房屋,符号的长边代表实地房屋屋脊的方向;若为正方形或圆形,符号的长边应与大门所在边一致。依比例尺和半依比例尺表示的独立房屋,也要注意实际形状和位置准确。

② 判绘要准确。调绘时判读要仔细,不要将已拆除的房屋或者菜园、草垛、瓜棚等当作独立房屋描绘。

③ 当独立房屋分布密集,不能逐个表示时,只能取舍,不能综合。此时外围房屋按真实位置绘出,内部可适当舍去。

④ 特殊用途的独立房屋应加说明注记,如抽水机房、烤烟房,应分别加注"抽""烤烟"等说明。新疆等地用于晾晒葡萄干的晾房应加注"晾"字。

⑤ 有围墙或篱笆形成庄院的独立房屋,当围墙、篱笆能依比例尺表示时,就视实际情况用相应符号表示;否则只绘房屋。

⑥ 正在修建的房屋,已有房基的用相应房屋符号表示;否则不表示。

⑦ 损坏无法正常使用的破坏房屋或废墟,图上只表示有方位意义的。图上面积小于 $1.6mm^2$ 的破坏房屋一般不表示,但在地物稀少地区可表示。

2)街区式居民地

房屋毗连成片且按一定形式排列,构成街道(通道)景观的居民地称为街区式居民地。街区是指按街道(通道)分割形式排列的毗连成片的房屋建筑区。调绘街区式居民地,一般先调外围,绘出外围轮廓和方位物,搞清进入居民地的各级道路;然后进入居民地内部,仔细区分主、次街道,调绘居民地内部的突出建筑物以及其他地物、地貌元素,对街区内的房屋进行综合取舍等。

(1)外形特征的表示

① 街区外缘的轮廓边线,在能显示其特征的前提下,除按真实位置描绘外,凸凹部分在图上小于1mm的一般可综合表示。

② 街区外围的各种地物、地貌元素,包括散列分布的独立房屋、河流、道路、垣栅、土堤冲沟、菜地、电力线、通信线等,都必须按规定详细表示,以反映其分布规律。

③ 位于街区附近,特别是街道进出口附近的独立房屋,不能综合为街区,以免失去特征。这些房屋对判定方向、确定位置有较大作用。

(2)分布特征的表示

① 街道线要整齐描绘。靠街道一侧的房屋边线,当紧靠街道线时,以街道线代替;有明显凹进或突出的地方要按实际情况表示,以显示其特征。

② 街区内部房屋可进行较大的综合,即房屋间距在图上小于 1.5mm 时,可以综合表示;否则,应分开表示。街区内的空地,可根据南、北方居民地的特征进行取舍,大于图上 4～9mm² 时应表示。

③ 房屋排列整齐或具有散列分布特点的机关、学校、医院、工厂、新住宅区等,不应作为街区房屋表示,即应逐个表示,个别情况可进行小的综合,以明确其分布特征。

④ 由许多独立庄院组成的村庄,街道(通道)按实际情况表示,房屋一般不能综合;当有围墙时,街道线可用围墙表示。

(3)通行特征的表示

街区式居民地的通行特征主要是指街道(巷道)的分布以及主、次街道的划分。街道指街区中比较宽阔的通道,街道的宽度实际反映了街道的通行能力。街道按其路面宽度、通行情况等综合指标区分为主干道、次干道和支线。主干道指城市道路网中路面较宽、交通流量大的主要道路,边线用 0.15mm 的线,按实地路宽依比例尺或用 0.8mm 路宽表示。次干道指城市道路网中的区域性干道,与主干道相连构成完整的城市干道系统,边线用 0.12mm 的线,按实地路宽依比例尺或用 0.8mm 路宽表示。支线指城市中联系主、次干道或内部使用的街巷、胡同等,边线用 0.12mm 的线、0.5mm 路宽表示。

（4）方位特征的表示

居民地的方位特征主要包括居民地的外轮廓和居民地内、外具有方位目标作用的突出建筑物和其他地物、地貌元素。

居民地内、外的突出建筑物主要包括突出房屋、烟囱、水塔、宝塔、教堂、大会堂、纪念碑纪念像、钟鼓楼、无线电塔等,均应以相应符号准确描绘。其他地物、地貌元素主要包括独立树、空场地、土堆、河、渠道、桥梁、陡崖、路堤、路堑以及穿过城域的铁路等。

3. 道路及附属设施的调绘

① 道路一定要调准位置,等级分明,线段曲直和交叉位置的形状要和实地一致,附属设施如涵洞、路堤、路堑等要表示清楚,关系明确,注记要齐全。

② 道路通过居民地不宜中断,应按真实位置绘出。公路进入城区后,公路符号以街道线代替。城区街道较窄时,以两边房屋边线表示成自然街区线,城区内固定性的安全岛、人行道、绿化带和街心花园等要表示。

③ 铁路、道路等均要调注相应名称。

④ 双线道路的边线不清时,须实地量取路宽,并量距定出至少一条路边线,注记到相应位置。

4. 管线及附属设施的调绘

① 永久性的电力线、通信线均要表示。电杆、铁塔、变压器等均应按实际位置清绘在像片上。同一杆上有各种线路时,表示其中主要的线路,如同时有高压线和低压线时,只表示高压线。实地要会区分高压、低压、通信线等管线性质。变电站内的电杆、支架一般不表示,只绘放电符号即可,有名称的要注记名称。

② 地面上及架空管线一般均要表示,并注记输送物质。地下管线不表示,但其入口、检修井、污水篦子等一般要表示,按图式上相应符号表示。检修井要学会辨认性质,如下水井盖上有"雨水、排污"等字样,上水井盖上有"自来水公司"等字样。其他如电信检修井、电力检修井、煤气检修井等,均有相应文字标识或者对应的花纹图案。

③ 围墙在 1∶500、1∶1000 图上用依比例符号表示,若在图上宽度小于 0.5mm,用 0.5mm 的围墙表示。1∶2000 图上围墙一般都用不依比例尺符号表示。篱笆、铁丝网、栅栏等均用相应的符号表示。临时性的或次要的不正规的可不表示。街道中间或两旁的隔离栏杆一般不用表示。

5. 水系及附属设施的调绘

① 河流、湖泊、水库的水涯线,一般绘摄影时的水涯线,若摄影时间为枯水期,可在野外实

地调绘出一个常水位点,刺在像片上,再由内业采集水涯线。有名称的要调注名称。

池塘的水涯线一般也是以摄影时的水涯线为准,当水涯线与坎边线在图上的距离小于1mm时,水涯线绘在岸边线位置上,否则分开分别清绘。按用途注记"塘""鱼"等。

水渠、贮水池等以坎沿为准清绘。

海岸线一般按摄影时的影像表示。

② 沟渠宽度在图上大于 1mm(1∶2000 地形图上大于 0.5mm)时用双线依比例表示,小于 1mm(1∶2000 地形图上小于 0.5mm)时用单线表示。

河流图上宽度大于 0.5mm 的用双线依比例表示,小于 0.5mm 的用单线表示。

③ 陡崖是指崖坡比较陡峭,坡度在 70°以上的地段,陡崖需区分石质与土质,陡崖下缘与水涯线间河滩宽度大于图上 2mm 时,应调注土质、植被等。

④ 道路两旁一般都有排水沟,外业调绘时要查询清楚,确实不起灌溉作用的沟渠按干沟表示。

6. 境界的调绘

境界是表示区域范围的分界线,分为国界和国家内部境界两种。国界是关系到维护国家主权和领土完整以及影响国际关系的大事;国内各级境界也是国家实施行政管理,划定土地归属,影响当地人民生产、生活以及安定团结的重要界线。因此,调绘各级境界时必须慎重、仔细、准确,以防止发生错误,带来不良后果。

境界是一种在实地并不存在的线状地物,它是根据实际情况约定或规定的人为界线;这种界线有的以界桩、界碑、界牌标定,而大部分则是以地物、地貌的特殊部位为准划定,如山村线、山谷线、河流的中心线、道路的边线等都可能作为分界的标志。因此,实地调绘境界主要是通过调查访问,并以有关资料为根据,把确认的境界位置准确地表示在调绘影像上。

县(区)以上境界要实地调绘,乡(镇)界、国营农场界则按用图需要调绘。两级以上境界重合时,只绘高级境界线,各级名称要同时调注。

1) 国界

调绘国界应注意以下问题和有关规定:

① 国界通常按边界走向从东向西、由北向南顺序编号。如果一个编号只有一个界桩,则称为某号单立界桩;一个编号如果有两个或者三个界桩,则分别称为某号双立界桩或某号立界桩。

② 国界符号应连续不间断,所有界桩、界碑、界堆及转折点均应按坐标值定位,注出其编号。如果这些分界点没有坐标,则应按国家系统以影像控制点的精度测定其坐标,并尽量测注出高程;同号双立或三立的界桩、界碑,图上不能同时按实地位置表示时,界桩符号可不要定位点,用空心小圆圈按界桩的实地位置关系表示,并注出各自序号;各种注记不要压盖国界符号,并应注在本国界内。

③ 国界经过地带的所有地物、地貌均应详细表示,对有特征意义的细貌部分更要详细表示。

④ 国界通过河流、湖泊、海域时,应明确表示出水域和岛屿、沙滩、礁石的归属。

⑤ 以山脊、山谷为界时,国界符号应不间断绘出;通过山顶、鞍部、山口等,符号的中心位置必须准确描绘。

⑥ 国界如果以河流及线状地物为界,根据国界的具体位置表示。

2) 国内各种境界

调绘国内各级境界的方法与调绘国界一样,但国内境界层次多、情况更为复杂,还应注意以下问题:

① 国内各级行政区划界应以相应的符号准确表示,各级界、界标要准确表示。界标若为石碑,又有方位意义,则以纪念碑符号表示。

② 当两级以上境界重合时,按高一级境界表示。国家内部各种境界,遇有行政隶属不明确地段时,在其相应的地方注"待定界",或按政府部门公布的权宜划法表示。

③ 境界以线状地物为界,不能在线状符号中心表示时,可沿两边每隔 3~5cm 交错表示 3~4 节符号,但在境界相交或明显拐弯点以及接近图或调绘面积边缘的地方,境界符号不应省略,且应实线通过,实线相交。在调绘面积线外,境界符号的两侧应分别注明不同行政区域的隶属关系。

④ 境界通往湖泊、海峡时,应在岸边和水面部分绘出一段符号。

⑤ 境界通过河流、湖泊、海域时,应清楚地标明岛屿、礁石、沙洲、沙滩等的隶属关系。

⑥ 地类界通信线和电力线不能代替境界符号,如果两种符号不能同时准确绘出,地类界移位,电力线和通信线可部分中断而境界照绘。

⑦ 境界通过山顶或山脊时,应规察立体准确绘于地性线上,防止表示不合理的种种现象。

⑧ 当一个管辖区内有另一个管辖区的一部分地区时,则称此地为"飞地"。"飞地"的界线用其所辖属行政单位的境界符号表示,并在其范围内加注隶属关系。

7. 植被及土质的调绘

① 对于大面积的成片分布的植被,调绘时用红色清绘地类界。里面用红色文字做简要说明,也可用符号表示。整张相片上如果只有一种植被(土质),可以在片边加注统一说明。

② 地类界与地面上有实物的线状符号(如道路、水渠、陡坎等)重合,或者平行且间隔小于 2mm 时,地类界可省略不绘。当与境界、管线符号重合时,地类界符号移位 0.2mm 绘出。

③ 树林、竹林、灌木等外业调绘时需量注平均高度,以供内业采集等高线。

8. 地貌的调绘

① 不能用等高线反映的天然地貌元素或人工地貌元素,如陡坎、斜坡、崩崖等应按图式规定调绘在像片上。

② 各种天然形成和人工修筑的坡、坎等,坡度在 70°以上时表示为陡坎,70°以下时表示为斜坡。斜坡在图上投影宽度小于 2mm 时表示为陡坎,当陡坎在图面上投影宽度大于 2mm 时可测绘范围线,上缘用陡坎符号表示,宽度依比例表示。1:2000 比例尺地形图上梯田坎过密时可适当取舍(一般情况下以 8mm 为界)。

③ 地裂缝按实地情况按图式分别用不依比例尺符号和依比例尺符号表示,并适当量注裂缝深度。不依比例尺表示的地裂缝还应适当量注裂缝宽度。

④ 矸石堆、矿渣堆、垃圾堆、乱掘地、沙砾地、露岩地、崩塌残蚀地貌等均要一一调注。

9. 地理名称与注记的调绘

1）地理名称调查的一般方法

（1）搜集资料、分析资料

当一个测区确定之后，首先进行地名资料的搜集工作。搜集的内容包括各种比例尺的地形图、行政区划图、规划图、水系图、交通图、旅游图以及地名普查中的有关资料。

根据所搜集的资料进行整理分析，情况清楚、位置准确的可事先标注到调绘像片的相应位置上，以便到实地核对，情况不清、位置不定的部分地名可留作调查时参考，实地问清以后再填写到相应位置上去。

在分析资料时还应搞清总名和分名、自然名称和行政名称、主名和副名、老名称和新名称，以便进行正确的选择和注记。

在分析资料时应仔细查看可能产生重要地名的地方，如高大的山头，较大的河谷，居民地，大面积的草地、森林、较长的峡谷、沟渠，较大的水库、池塘、堤坝、山寨、渡口以及远离居民地的明显突出的建筑物，以便到实地询问、补充，也可避免盲目调查，漏掉重要地名。

（2）实地调查

地名的实地调查工作，是地名调查的关键，要做好地名调查工作必须在现场做到问清、听准、写对。

问清就是调查者要把问题说清楚，使调查对象能清楚地理解提问的内容，这样调查对象才可能做出正确的回答。听准就是要准确地接收和理解被调查者回答的内容，这也是保证地名调查获得正确结果的重要方面。写对即用正确的文字表示地名，因为用字不当同样会造成地名错误。

地名不允许用未经国务院公布批准的简化字。在调查中必须弄清字的含义，将其转化为正确的文字进行注记。

调查中遇到不能准确写出的文字，则要进一步询问地名的来源、演变过程，分析地名的真正含义，找出正确的地名用字。如"无梁庙"是指一座在建筑上比较特殊的没有主梁构造的庙宇，因此得名，这样就不会写成"五两庙"了。

2）注记的调绘

在像片调绘中，除通过调查得到准确的地名外，还要保证高质量地将这些地名注记在调绘像片上，使内业成图获得清楚准确的地名调查资料。在地形图上，地理名称的主要和次要是通过名称注记字体及字的大小来区分的。实际作业时，因为外业调绘片一般不直接用于成图，因此名称注记的字体可以任意选择。

注记包括地理名称注记、说明注记和各种数字注记等。地图中所使用的汉语文字用符合国家通用语言文字的规范和标准。

6.1.3 调绘影像的整饰与接边

1. 调绘影像的整饰

调绘影像的整饰是指调绘内容要及时清绘，清绘时各种地物的中心位置要准确，中心点、中心线应按图式规定绘出。地物符号之间的关系要合理反映地物之间的相互关系。调绘时要边清绘边检查,做到不遗漏、不移位变形,如有问题需记录,清绘后统一补调。清绘是指在调绘影像上直接进行着墨整饰。资料清绘直接影响成图精度,因为其就是外业调绘提交给内业成图的唯一的来自实地的图形资料,是内业成图的依据。无论在调绘过程中判读、量测、调查、综合得如何准确和正确,如果在转化为成果的清绘和编辑过程中产生了遗漏、移位、变形,或者图面表示不清楚,符号运用不正确,则全部调绘成果都会不符合要求。因此,必须掌握清绘技术和清绘方法,耐心细致、认真负责地做好清绘工作。

1) 清绘的一般要求

① 调绘的内容应及时清绘,当天调绘的内容最好当天清绘或第二天清绘,这样才能记得清、绘得快,清绘的内容更加可靠。如果有特殊困难,清绘时间距调绘时间最多不超过三天。

② 正确运用图式符号,描绘时基本上按图式规定的尺寸大小描绘,但全部线画均应较图式规定略粗一些。由于蓝色在影像清绘时不易区分,因此图式上的蓝色符号和注记均改用绿色;但水涯线改用黑色,水域部分的染色仍用蓝色。

③ 各地物符号之间的关系要交代清楚;符号之间至少要有 0.2mm 的间隔;各种说明注记必须清楚、明确;整个图面必须清晰易读。

④ 在清绘中要做到不遗漏、不移位、不变形,并随时进行自我检查。

2) 手工清绘的方法

① 按调绘路线清绘,即沿着调绘路线一块一块地清绘,一块的内容全部清绘完以后再清绘另外一块。在清绘中应参照影像上着铅的痕迹和透明纸上调绘的内容,边回忆、边着墨。清绘的顺序一般是:独立地物、居民地、水系、道路、地貌、地类界、名称注记、植被;最后普染水域、高等级公路、植被。这种清绘方法的优点是便于回忆,避免地物遗漏,适用于地物比较复杂的地区;缺点是需多次更换颜色。

② 按地物分类清绘,即清绘时将某一类地物全部清绘完后再按顺序清绘另一类地物,直到全部内容清绘完为止。地物清绘的顺序仍然和第一种方法所列的顺序一样。

③ 按颜色分类清绘。清绘时顺次按黑色、绿色、棕色、红色清绘各种符号和注记,最后用淡蓝色普染水域。

后两种清绘方法的优点是系统性强,连续清绘一种地物或一个颜色的地物,用色、用笔都比较方便,适用于地物分布较简单的地区;缺点是不便于回忆,不注意时容易遗漏地形元素。

3) 检查

不论采用哪一种方法清绘,都应该做到边清绘边检查;绘完一块检查一块,绘完一片检查一片。检查的方法有:根据调绘路线回忆检查;利用透明纸记录的内容对照检查;根据调绘影像上着铅的痕迹反光查看;用立体镜观察立体模型配合检查等。检查过程中如果发现有遗漏或者有怀疑的地方,必须到实地核对,及时纠正差错;在此基础上还必须进行全面的自我复查,以确保质量。

2. 调绘影像的接边

由于不同时间、不同作业员进行调绘,以及其他种种原因,调绘接边往往会产生很多矛盾,如:道路不接或者错位;一边有通信线,另一边无相应的通信线等。接边就是要通过对照检查、核实修改,使调绘面积线两侧的调绘内容严密衔接,协调一致,与实际情况相吻合,在图面上不产生任何矛盾。按作业范围调绘,接边可分为小组内部接边和外部接边,图幅内部接边和外部接边。按作业时间调绘,接边又可分为同期作业接边、与已成图幅接边和自由接边。

1) 同期作业的调绘接边

同期作业的调绘片必须在实地处理好接边问题;发现矛盾,立即在野外实地检查,以避免将问题带到内业成图过程中去,造成更大损失。接边时应注意:

① 相接于调绘面积线上的地物要做到位置、形状、宽度基本一致,完全衔接,不能互相错开,更不能"你有我无"。

② 道路、境界的等级、位置、注记要一致。

③ 陡坎、冲沟、路堤、沟堑等要合理衔接,与高一级的注记应不产生矛盾。

④ 河流、沟渠水库、湖泊应衔接并一致。

⑤ 地类界和植被应衔接一致;相应的植被注记应不产生矛盾。

⑥ 电力线、通信线、管道在接边处不论有无转折点,均应在调绘面积线外判刺一个点位,以便于接边。接边时可从相邻影像上互相转绘接边点,各自连成直线;此时,对于山地丘陵地,由于投影差的影响,共同接边的直线仍然不能吻合这一问题可由内业处理。经内业清除投影差后,接边的衔接、吻合问题可以得到解决。

⑦ 图幅外部接边完成后应签注接边说明,如"已与邻幅接边"。同时,要签注接边者、检查者姓名,接边的日期,以示负责。

2) 与已成图幅接边

与已成图幅接边可利用已成图幅在上交资料时保存的抄边片进行接边,接边方法与同期作业调绘接边一样,但应注意以下问题:

① 接边说明中应写"与××年测图抄边片已接边"。

② 接边时,当接合差不大于图上1mm(个别不大于1.5mm)时,仅在新测图幅侧进行接边处理。

③ 接边时,如果发现原调绘片有较大的错误或遗漏,则应利用本幅影像补调或补测,在片上进行改正。衔接关系交代清楚,注明改动和补测的情况,迅速向内业成图单位反映,以便及时改正。

3) 自由图边

自由图边是指以前和现在都没有进行相同比例尺测绘的图边。调绘自由图边,除保证成图满幅外,还应调绘出图线4mm以上,以保证与以后测图的图幅接边。自由图边需要进行抄边,并将抄边片作为成果资料随同图幅的其他资料一起上交。

所谓抄边,就是利用调绘余片,将调绘影像图边附近10mm范围内的调绘内容按影像原样全部转绘到抄边片上。在抄边片上还应转刺并整饰图边附近的全部控制点,同时在影像背面准确地抄写控制点相应的坐标和高程数据,以便相邻图幅今后作业时使用。所有抄边内容都要严格检查,并签注抄边者、检查者姓名和抄边、检查的日期,以示负责。

任务6.2　图纸调绘

影像调绘仅适合于中小比例尺的测图。目前大比例尺测图基本上都采用图纸调绘。图纸调绘就是先内业按模型全要素采集,再野外调绘的方法。

6.2.1 调绘主要内容

① 对图上所有地物定性调绘,对已拆除或实地不存在的地物(地貌)逐个打"×"。图上不能出现既没打"×"又没定性的线条。

② 对摄影死角、影像不清及阴影下的地物进行定位、定性调绘。

③ 补测、修测内业数据采集中漏采、采错、变形的地物。

④ 逐个调绘建筑物的结构性质、房屋层次,量注房檐。

⑤ 调绘房屋附属设施,如阳台、檐廊、挑廊、廊房、柱廊、门廊等。

⑥ 补测必要的新增地物。

⑦ 调注地理名称,如单位、道路、街道、河流、湖泊、水库、铁路、桥梁、山脉及其他专有名称。大比例尺测图中视需要情况调注二级单位名称,如大礼堂、车间、仓库等。

⑧ 对采集图上的道路等级定性、定位、量注宽度。

⑨ 对电力线、通信线、各种检修井、污水篦子、隐蔽地物等按规定进行定位、定性,遗漏的要补调。

⑩ 调绘各类土质、植被。

⑪ 补调各类独立地物。

⑫ 在 0.5m 等高距区域根据设计书规定,用水准仪或全站仪测定高程注记点,并注在图上相应位置,特别是在一些特征点上应测注高程。

6.2.2 调绘方法

外业调绘时使用两套原始采集数据回放图纸,一套供野外调绘使用,另一套作为整饰用图。依照图纸,在野外进行全野外调绘,修补测各类地物,然后在电脑上对原始数据进行编辑。对于零星新增、变化、遗漏地物,用皮尺进行勘丈补绘;对于大范围新增地物,则用仪器野外实测其轮廓坐标,结合勘丈尺寸定位或用平板补测。同时在地物密集地区,可采用水准仪直接在图上测量高程注记点。在地物稀少、不易判定准确位置的地方,用全站仪测定带平面坐标的高程注记点,展点标注即可(地物密集处也可用此法)。

6.2.3 技术规定

1. 一般规定

① 整饰图使用颜色规定

一般统一用绿、蓝、红三种颜色,具体规定如下:

绿色:房檐注记、水系线、流向线、水系名称注记、行树树圈等。

蓝色:房屋层数、建筑结构、除水系外的所有名称注记、地物的长度尺寸、定位距离及其定位时所绘的辅助指示线、直线上的电杆符号。

红色:所有修改地物的线条,补调地物的图形,各类植被符号,土质性质简注,各类性质说明注记,地类界,电线拐点及交叉点,变压器等符号,房体与附属设施的分隔线,廊宽尺寸,阳台宽尺寸,各种附属设施的简化定性符号(或字母),所有打"×"符号,各种独立地物的定性符号,简单房屋斜线,除以上规定使用绿色和蓝色以外的其他所有整饰。

② 整饰图用圆珠笔、钢笔、小笔尖均可,但要表示清楚,表示合理,要让编辑人员能看懂。

③ 房檐、阳台、挑廊、廊房、檐廊等的宽度尺寸,为方便注记,一般以分米为单位,其他尺寸均以米为单位。

④ 不允许进入的军事管理区或其他禁区,说明"禁测区"或"军事管理区",里面不必注记部队番号等名称,内部地物只要图面表示合理即可。

2. 具体内容和要求

1) 测量控制点

有平面坐标的控制点由内业按等级展绘,无平面坐标的水准点等由外业调绘人员按解析法测定坐标补绘或者按勘丈法补绘在图上。

2) 居民地

① 房屋以外围墙角轮廓为准,二外调绘时必须量注房檐改正数,结构层次、建筑材料、主房和附属房屋、附属建筑物都应仔细分割表示。房屋分类按图式规定分为普通房屋、简单房屋、建筑中房屋、棚房、破坏房屋等五种。

② 各类建筑物的支柱门墩,图上小于等于 1mm×1mm 的按记号性表示,大于 1mm×1mm 的依比例尺表示。记号性支柱门墩等以中心定位。

③ 房檐改正

量取房檐的方法主要有实量法、滴水线法、垂线投影、量取房子长宽反算法、间接量取法等,如从房内量距加墙厚、量取夹巷宽、量取垂直距离等方法反求房檐,房檐量注精度在图上小于 0.1mm。

一般情况下房檐用绿色标注,以分米为单位。注记在被改房边线的内侧,其他长度、间距尺寸用蓝色注在房边线外侧,所有字头方向应垂直于房边线或指示线,并按光线法则注记。

房檐一般应逐边注记,对于零房檐也应标注(防止丢漏)。如果各边房檐相同,可用房檐加括号的方法简单注记在房子中间。

毗连房屋调注房檐时,一般不能使用括号简注的方法,以免因交代不清而造成误会。房檐应分别注记,并在旁边加注房子是否分开、分开多少等,或者量注相邻房子的长度或宽度等。如果房子不分开,则只标注高层房檐,低层不用标注,高层改檐后,低层房边线靠上即可。

毗连房屋改正房檐时,还应注意相邻两房檐与墙之间的关系,不能因改檐引起新的矛盾,如房边线本来是齐的,而因房檐改正不同而引起错位等。这种情况下只标注房檐易量的一边,另一边线不用标注,但应在外侧文字注记房边线齐还是不齐,不齐时则应注记两房边线的错开距离。

形状复杂房屋房檐的调绘有以下注意事项:

a. 可采用标注部分房檐与括号简注相结合的注记方法,对于房檐宽度有三种以上尺寸的房檐则要慎用,尽量逐边注记。

b. 在同一幅图中,如果有几幢房屋的结构、形状、层数完全一样,可以只调注其中一幅房屋的房檐、结构形状及相关尺寸,在其中注记大写字母(如 M),其余各幢可不再调绘,只要在内部注记"同 M"字样即可。

c. 斜房檐和既有女儿墙又有房檐的房屋一定要实量房屋边长反求房檐。

房檐调绘示意图如图 6.1 至图 6.7 所示。

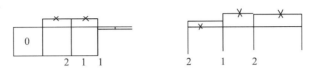

图 6.1 房屋外框线作为参考线　　图 6.2 根据正确房檐尺寸拉齐

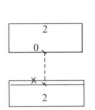
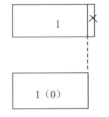

图 6.3 实量零房檐边线到有房　　图 6.4 延长线改正房檐　　图 6.5 量取房子长(宽)
　　　　檐边线的垂距　　　　　　　　　　　　　　　　　　　　　　反求房檐

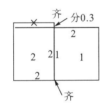
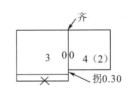

图 6.6 两相邻房屋边线齐而且分开时　　图 6.7 两房不齐也不分开

对于房屋的附属建筑物,如阳台、檐廊、廊房、雨罩、柱廊、挑廊、台阶、楼梯等,根据用图单位的具体要求来调绘,并在设计书中明确规定调注方法。

调绘房屋的附属建筑物,应注意以下几点:

a. 建筑时整体封闭的阳台除特殊要求外,一般都综合进房屋主体,不用单独分开表示阳台,其他情况下的阳台则应准确调绘。

b. 阳台、雨罩及各种廊与房檐的关系,要一一调查清楚,除量注有关尺寸外,还应调注互相间的关系,并按照规定的符号、线条、尺寸注记,必要时可用汉字注明。

c. 对于结构复杂的房屋,图内不易标注清楚时,应在图廓外绘放大图表示清楚。

3) 隐蔽地物和新增地物的补调

① 对于成片的或者无法量距定位的隐蔽地物和新增地物,若要求采用仪器野外实测主要定位点坐标,调绘人员则必须量取所补地物的自身所有尺寸及相关栓距,以便编辑上图。

② 在条件允许的地方,可采用各种交会法定位,外业作业人员按照大补小、主补次、外补内的原则准确量距交会定位,具体方法有距离交会法、截距法、直角关系法、似直角关系法、平

行线法、方向交会法等。参照物必须准确无误。以房角为参照物时,尽量使用无檐房角,困难时使用有房檐的房角时,只能使用墙体实部拐角,不能使用房檐虚拐角。而内业编辑时,必须在改檐后才能交会定位所补地物。

③ 交会角必须在 30°～150°之间,不能太大或太小,否则难以保证定位精度。

④ 调绘时已建成的永久性建筑物必须补测,而内业误采集的不必表示的地物则打"×"。

⑤ 检修井、污水篦子、消防栓、阀门、电线杆等内业采集不到的点状地物,尽量用量距交会定位,无定位点时或交会角度太差时,则应该由仪器实测。

⑥ 拆迁区、施工区外围用地类界圈定范围,内注"拆迁区"或"施工区"。

4)各级道路及附属设施

各级道路及附属设施均应在野外一一检查定性,量注必要的尺寸,内业采集丢漏时,外业应进行补调,道路的铺面材料、等级名称等也应调绘。

5)各级电力线、通信线、各种管线

各级电力线、通信线、各种管线按设计书要求的取舍原则,外业一一进行定性、定位,连接走向,必要时再加汉字注记定性,内业漏采的电杆要一一补调。

6)各种工矿建筑及其他设施

各种工矿建筑及其他设施按设计应一一调绘,该加文字说明的一定要加注文字说明,如"乙炔罐"等。

7)垣栅的调绘

围墙、栅栏、铁丝网、篱笆等调绘时,应按设计书要求进行综合取舍。

8)植被、土质

各种植被及地貌土质按图式规范调绘表示,或用符号定型,或用文字说明。

9)水系

野外调绘水系流向及其附属设施,保证水系流向畅通,不得出现图面矛盾;要调注水系的名称。颜色用绿色表示。

10)名称注记

① 按图式规范调注各种地名。同一大院有多个单位名称时,应调注拥有产权的单位名称,临时性单位名称不调注。

② 机关单位、工厂、学校、住宅小区、新村、地理名称、水系名称、街道名称、铁路名称、山脉名称等要调注。大比例尺测图时,还应调注一些二级单位名称,如图书馆、大礼堂、××车间等。临街面标志性的大商场、饭店、大厦、宾馆等要调注名称,一般小店及租赁单位名称不注记。

总之,外业调绘时,必须认真负责,对于调绘的全部内容进行检查,不足之处要认真修改,以保证图面数学精度的可靠性和地理景观的合理性。对图上所有的废线条均应打叉,不能出现既未定性又没打叉的线条。调绘完毕,一定要严格进行图幅之间的接边,并要求每幅图都要落款签名及填写日期,之后方可提交检查员检查。

6.2.4 检查及修改

检查的内容有:地理景观图面和实地是否一致,地物地貌综合取舍是否合理,自然地理名称、单位名称等调绘是否正确，定性是否正确，符号运用是否得当，调绘有无遗漏，各种尺寸（房檐、廊宽等）是否准确，交会角度是否恰当，图面整饰质量及四周接边情况，高程注记点的疏密程度及分布情况等。所有问题均要认真填写并检查记录。对于检查中发现的共性问题，一定要及时汇总，并召集作业人员开会学习讲解，以免后面工作重复犯错。个别问题则尽快返还作业员修改，复查修改后方可提交下一工序作业。

6.2.5 技能训练

在作业过程中，内业所采集数据生成的线划图DLG，在立体模型上均进行自检、互检。首先检查立体模型，检查点、线是否准确地与地面吻合，地物是否存在丢失现象。在面检查完毕后，进行图幅的接边检查。检查接边图幅要素、划线等性质是否统一、妥当，画幅是否有不接边现象，主要检查房屋、道路、水系、地貌、沟坎等各种线划地物是否连接。对由于受高大建筑物阴影遮挡、树冠遮挡以及无法确定地物特性等而遗漏的地形、地物、地貌，由外业进行实地调绘及补测工作。

1. 外业调绘

采用先外后内再外业检查的作业模式，即先外业调绘、后内业测量，然后在内业已成图的基础上再进行二次外业调绘检查，检查的同时也是对内业成图的一次实地检查，以此来检查图形精度、图面问题以及内业无法判别准确的地形、地物及地貌等要素。

① 本测区调绘采用全野外、全要素调绘。

② 各类图式符号的规格、尺寸、定位点、定位线及注记行按《国家基本比例尺地图图式第1部分：1∶500　1∶1000　1∶2000地形图图式》(GB/T 20257.1—2017)规定进行编辑。

③ 调绘反映调绘时现状，对影像模糊地物或影像被阴影遮盖的地物(隐蔽地貌及无明显影像的独立地物)到实地量取，无法量取时到实地进行补测。补测范围在调绘图上用不同颜色标出。

航测后拆除的建筑物或虽有影像但可不表示的地物，在调绘图上用红色"×"划去，范围较大时用范围线标示并附加说明。正在建设中或施工区域用范围线标示其范围。

④ 需调研的房屋均调绘并标注其房屋层数。

⑤ 调绘图上有调绘人员的签名，便于追溯和质量跟踪。

⑥ 对于军事机关、保密单位、拒测区域以及作业员无法进入的区域，则直接使用内业测绘数据。

2. 外业补测

经过外业调绘，确定外业补测的位置及范围，采用全站仪与RTK进行补测，补测14处跨河建筑物，如图6.8所示。外业补测所需控制点，采用××省GNSS连续运行基准网综合服务系统以及华北地区大地水准面精细化系统等高新技术测绘，满足测图精度要求。

数字线划图DLG内业编辑在CASS 9.1软件中进行。经过外业调绘和补测，采用数字地形图编辑软件，对外业采集的数据进行编辑整理，内业编辑完成后进行数据的自动检查和归层，回放图和外业调绘图进行对照，对发现漏绘的、错绘的、表示不合理的均用红笔标出，并进

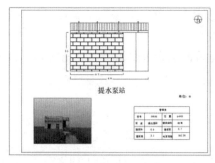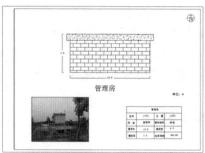

图 6.8　补测的跨河建筑物

行外业巡视检查,进行二次编辑修改成图。

3. 质量评定

质量评定的过程中,重点对线划图 DLG 的平面精度、等高线精度、高程点注记精度进行评定。

线划图成果地物、地貌表示正确,各要素综合取舍恰当,图式符号运用正确。图面层次表示分明、清晰易读;数据格式正确,要素分层合理;成果质量及进度符合规范要求。

线划图平面精度经检验均小于 0.3m。满足《水利水电工程测量规范》(SL 97—2013)规范表 3.0.5-3 中的规定:地形图上地物点平面位置允许中误差小于图上 0.6mm(1∶500～1∶2000 地形图)。

线划图等高线允许中误差均满足《水利水电工程测量规范》(SL 197—2013)规范表 3.0.5-4 中的规定:地形图接图等高线均小于允许中误差±1/2h(h 为基本等高距,2m)。

线划图高程注记点精度统计,均满足《水利水电工程测量规范》(SL 197—2013)规范表 3.0.5-5 中的规定:1∶500～1∶10000 测图比例尺地形图高程点注记精度±1/4h(h 为基本等高距,2m)。

高程精度检验统计如表 6.1 所示。

表 6.1　数字线划图(DLG)高程精度检验表

序号	原高程点高程值(m)	检测高程点高程值(m)	较差(mm)	备注
1	350.004	350.214	−0.21	
2	350.59	350.04	−0.45	
3	350.805	350.905	−0.1	
4	349.848	349.268	0.58	
5	349.826	349.586	0.24	
6	349.261	349.001	0.26	
7	349.888	349.298	−0.41	
8	348.363	348.003	0.36	

序号	原高程点高程值(m)	检测高程点高程值(m)	较差(mm)	备注
9	348.073	348.753	0.32	
10	348.547	348.347	0.2	
11	348.901	348.241	−0.34	
12	348.641	348.791	−0.15	
13	347.729	347.239	0.49	
14	347.65	347.25	−0.6	
15	347.005	347.725	0.28	
16	347.243	347.053	0.19	
17	347.11	347.76	0.35	
18	347.344	347.744	−0.4	
19	347.659	347.449	0.21	
20	347.586	347.456	0.13	
21	346.947	346.847	0.1	
22	346.165	346.885	0.28	
23	346.023	346.333	−0.31	
24	346.979	346.589	0.39	
25	346.276	345.006	0.27	
26	345.276	345.916	0.36	
27	345.648	346.468	0.18	
28	345.003	345.014	−0.11	
29	345.814	345.004	−0.19	
30	345.838	345.518	0.32	
检查结果		中误差值小于限差要求的0.5m		

课后习题

1. 影像调绘的内容和要求是什么？
2. 图纸调绘的内容和要求是什么？

项目 7　摄影测量技术在地形图测绘中的应用

教学目标

1. 了解摄影测量技术的应用。
2. 掌握利用摄影测量技术测绘地形图的流程。

思政目标

本项目引入生产案例,介绍摄影测量技术在地形图测绘中的全流程应用,帮助学生了解测绘技术的应用,树立规范意识,培养学生按照要求认真完成测绘成果的职业素养。

项目概述

受××县××公司(以下简称"甲方")的委托,××公司承担了××风电场工程航测地形图测绘项目。为保证项目承担单位的资信,确保测绘产品质量符合相应的技术标准要求,考虑到本测区位于高原山区,距县城约 15km,最高海拔约 2320m,最低海拔约 1700m,测区地形复杂,类别属于高山地等情况,××公司使用 GNSS 结合无人机航测技术完成该地形图测绘项目,需完成 21km² 的 1:2000 地形图测绘任务。测区范围如图 7.1 所示。

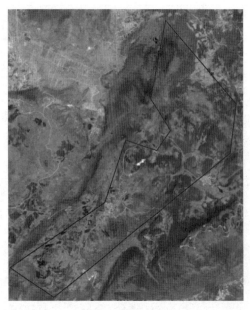

图 7.1　测区范围

1. 任务

(1) 基础控制测量。

(2) 航空摄影。

(3) 像片控制测量。

(4) 野外调绘。

(5) 解析空中三角测量。

(6) 地形图(DLG)绘制。

(7) 25 个风机位 1:200 地形图测绘。

(8) 技术总结。

2. 已有资料

(1) 测区范围(DWG、KMZ 格式)、风机位升压站设计图(DWG 格式)。

(2) 自行收集 D 级以上(含 D 级)GNSS 已知点 3~4 个,要求成果:坐标系统为 1980 西安坐标系、1954 年北京坐标系,3°分带;高程系统为 1985 国家高程基准。

3. 要求

(1) 工期:××年××月××日—××年××月××日。

(2) 作业依据:

CH/T 3004—2021《低空数字航空摄影测量外业规范》;

CH/T 3003—2021《低空数字航空摄影测量内业规范》;

CH/T 3005—2021《低空数字航空摄影规范》;

GB/T 18314—2024《全球导航卫星系统(GNSS)测量规范》;

7-1 GBT 18314—2024《全球导航卫星系统(GNSS)测量规范》

GB/T 20257.1—2017《国家基本比例尺地图图式 第1部分:1∶500 1∶1000 1∶2000地形图图式》;

GB/T 7930—2008《1∶500 1∶1000 1∶2000地形图航空摄影测量内业规范》;

GB/T 7931—2008《1∶500 1∶1000 1∶2000地形图航空摄影测量外业规范》;

GB/T 23236—2024《数字航空摄影测量 空中三角测量规范》;

CH/T 1004—2005《测绘技术设计规定》;

7-2 GBT 23236—2024《数字航空摄影测量空中三角测量规范》

CH/T 1001—2005《测绘技术总结编写规定》;

GB/T 18316—2008《数字测绘成果质量检查与验收》。

(3) 基本规定:

① 坐标系统:1980西安坐标系,3°分带,中央子午线××°。

② 高程系统:1985国家高程基准。

③ 成图比例尺:风电场地形图1∶2000;风机位地形图1∶200。

④ 成图基本等高距:风电场地形图为2m;风机位地形图为0.5m。

⑤ 测图范围:以甲方提供的范围为准。

⑥ 数据规格:

a.数据格式:数字线划图(DLG)为DWG数据格式。

b.图幅分幅:地形图的分幅采用50cm×50cm正方形标准分幅,图号采用标准图廓西南角坐标公里数编号法,X坐标在前,Y坐标在后,1∶2000比例尺地形图图号取至整公里(如2315.0—504.0)。

⑦ 地形图的精度应符合表7.1的规定。

表 7.1 地形图精度要求

成图比例尺	点位中误差/m	高程中误差/m	
	地物点	注记点	等高线
1∶2000	1.6	1.2	1.5
1∶200	0.2	0.3	0.4

注:对于隐蔽和困难地区,点位中误差和高程中误差可放宽1.5倍,极限误差规定为中误差的2倍。

该项目的生产流程如图7.2所示。

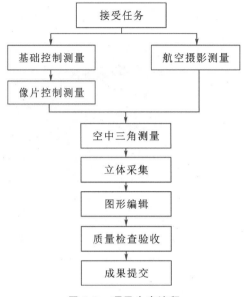

图 7.2　项目生产流程

任务 7.1　基础控制测量

1. 控制网布设

测区按 E 级 GNSS 网布设和观测,在国家 D 级 GNSS 点的基础上,2～3km 布设一个控制点,布设成由三角形组成的多边形网,满足后续像控测量、施工设计、风机位测量等要求。实际埋设时,可采用手持 GNSS 设备概略定位,以保证点的相对距离。测区共埋设 12 个基础控制点,点位分布如图 7.3 所示。

2. 选点及埋石

GNSS 选点均选在易于安置接收机、视野开阔、地面基础稳固、易于保存、利于交通、远离大功率无线电发射源等较强电磁场和大面积湖水等多路径效应强的地方。由于风电项目的特殊性,风力发电机组一般位于地势较高处,同时风电场场区道路离风力发电机组中心点距离为25m。因此,为满足风机施测需要,测量控制点埋设应考虑风机机位及场内道路的特殊性,点位禁止选在耕地中间或易破坏的地方,且尽可能避免选择埋设在路面上。

控制点标志采用在岩石上凿刻的方法制作完成,在长期固定的岩石表面上凿刻"十"字标志,并以红油漆标识记号和点名。岩石凿刻标志的规格为点位中心凿刻垂直正交的"十"字,其"十"字线凿刻长度不小于 5cm,凿刻深度不得小于 5mm,凿刻宽度不得大于 2mm,凿刻标志面要平,四周范围用红色油漆绘 15～20cm 的正方形,内填写点号,并在就近明显处地物上用红色油漆标示出点号和方位。GNSS 控制点点位如图 7.4 所示。

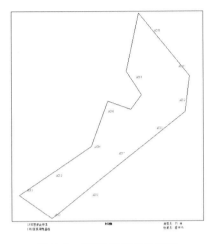

图 7.3　GNSS 控制点分布图

图 7.4　GNSS 控制点点位

已知控制点是在全测区埋设的 12 个基础控制点中均匀选取了 AC01、AC08、AC11 三个点,采用静态方式连续观测 4 小时以上,观测数据交由国家地理信息局大地测量数据处理中心解算并提供,等级为 D 级 GNSS 点(高程为精化水准)。

3. GNSS 观测

控制测量使用标称精度为 10mm＋5ppm 的海星达双频 GNSS 接收机,测量前对仪器进行参数配置。将接收机安置在三脚架上,并利用对中精度小于 0.5mm 的光学对中器将其对中,采用大地四边形或三角形连接方式逐步完成外业施测。GNSS 测量基本技术要求如表 7.2 所示。

表 7.2　GNSS 测量基本技术要求

项　　目	观测方法	E 级 GNSS 控制网
数据采样间隔(s)	静　态	10～60
卫星高度角(°)	静　态	≥15
有效观测卫星数	静　态	≥4
平均重复设站数	静　态	≥1.6
时段长度(min)	静　态	≥40
闭合环边数	静　态	≤10

4. 内业数据处理

使用海星达数据处理软件进行基线解算和控制网平差计算。基线解算时,输入外业观测手簿的点号、天线高等参数,对观测数据进行预处理,剔除有效观测时间不足 40 分钟的卫星数

据。采用软件自动基线解算的方法,进行同步环闭合差、异步环闭合差、重复基线的检验。具体基线处理要求如下:

① 同一边任意两个时段的成果互差,不应大于$\pm2\sqrt{2}(5\text{mm}+1\text{ppm}\times D)$。

② 同步环闭合差应满足:

$$W_X\leqslant\frac{\sqrt{n}}{5}\times\sigma$$

$$W_Y\leqslant\frac{\sqrt{n}}{5}\times\sigma$$

$$W_Y\leqslant\frac{\sqrt{n}}{5}\times\sigma \quad\quad (7.1)$$

$$W\leqslant\frac{\sqrt{3n}}{5}\times\sigma$$

③ 异步环闭合差应满足:

$$W_X\leqslant3\sqrt{n}\times\sigma$$

$$W_Y\leqslant3\sqrt{n}\times\sigma$$

$$W_Y\leqslant3\sqrt{n}\times\sigma \quad\quad (7.2)$$

$$W\leqslant3\sqrt{3n}\times\sigma$$

④ 重复观测的基线较差应满足:

$$\mathrm{d}s\leqslant2\sqrt{2}\times\sigma \quad\quad (7.3)$$

式中,σ 为相应等级规定的精度。

在各项质量检核符合技术要求后,选取 3 个控制点作为起算数据,进行控制网平差。高程获取方法为同网观测、同一数据处理软件进行基线解算和平差解算获取的 GNSS 拟合高程。

内业数据处理的精度在限差要求范围内,三维无约束平差基线边最大相对中误差为 1/80362,自由网平差坐标最大点位中误差为 0.022m,二维约束平差(平距)最大相对中误差为 1/106810,二维约束平差(坐标)最大点位中误差为 0.016m,高程拟合最大高程中误差为 0.018m。这表明基础控制点的精度要优于技术设计要求的精度。

5. 质量检查

质量检查的内容包括:
① 基础控制点分布略图;
② 基础控制点网图;
③ 点之记;
④ GNSS 观测原始手簿;
⑤ 计算起始数据;
⑥ GNSS 网平差计算;
⑦ 相关文档资料是否齐全、规范。

任务 7.2 航空摄影

1. 航空摄影技术参数设定

① 地面分辨率设定:1∶2000 比例尺成图所需航片地面平均分辨率应优于 0.16m,即采用摄影比例尺 1∶12000。测区地面高度为 1700~2320m,飞行高度为 2400~3000m。影像地面分辨率(GSD)为 12~16cm。预计飞行 1 个架次。

② 采用相机焦距:35mm。

③ 航摄资料要满足如下要求:

a. 航线间隔和旁向重叠度要求控制在 25%~45%之间,按照 35%设计。

b. 航摄像片的航向重叠度一般控制在 65%~75%之间,按照 65%设计,不得大于 80%或小于 55%。

c. 保证全摄区无航测漏洞,航向超出摄区范围六条基线,旁向超出摄区不少于 30%像幅。

d. 像片倾斜角小于 4.5°,最大不超过 12°,出现超过 8°的航片数不多于总数的 10%。

e. 影像要求色彩均匀清晰,颜色饱和,无云影和划痕,层次丰富,反差适中,像元分辨率为 4.88μm。

f. 每条航线的有效航片要超出成图范围 5 条基线以上。

④ 照片数据的存储和包装。

照片数据应记录在硬盘上,每个数据载体上应明确标记,像片号文件名应与曝光点数据序号保持一一对应关系。提交航摄资料的清单应包括航摄日期、机组号、摄区代号、航线号、起止片号、总片数。

2. 航空摄影的实施

项目采用航测遥感无人机平台——测绘鹰、NKD800 航摄仪,配备经检校的定焦镜头、地面控制系统及 GNSS 导航系统。利用无人机低空遥感平台获取摄影分辨率优于 0.16m 的无人机航空影像,经过 23 天的工作,共计完成了 1 个架次、809 张航空影像的拍摄任务。

(1)航空摄影的实施

飞机及机组人员、摄影测量员随时准备,边在机场等待合适的航摄天气,边对航摄硬件进行检查维护,确保设备处于最佳状态,待到能见度好、碧空无云的晴朗好天气时,逐条航线进行航空摄影,争取在同一架次或相似的气候条件下执行航飞任务。

(2)质量控制与检查

航摄资料质量包括飞行质量和摄影质量两个方面。

① 飞行质量控制:采用高性能硬件来保证。

② 摄影质量控制:本次航空摄影必须选择能见度大于 2km 的碧空天气或少云天气,尽量保持各飞行架次气象条件基本一致。对提交的成果影像要保证单张彩色像片影像清晰,能够正确地辨认出各种地物,能够精确地绘出地物的轮廓,相邻的影像间相同地物色调基本一致,整个摄区的像片色调效果也基本均匀一致。

3. 摄影质量控制措施

作业期间,定期检查无人机、航摄仪、地面控制系统及 GNSS 导航系统等设备和电源系统、记录系统,确保所有设备均保持正常工作状态。

(1) 飞行质量控制措施

采用 GNSS 导航,检查 GNSS 导航仪的工作状况,防止因卫星失锁造成导航失效。

(2) 摄影质量控制措施

利用飞行管理系统软件控制飞行,保证飞行数据准确。

摄影天气控制:严格掌握摄影天气。原则上航摄必须在晴天碧空、能见度良好时进行。本摄区可在云下进行,但必须保证地面无云影,并有足够的光照度。

曝光参数的选用:根据飞行高度、大气能见度、太阳高度角等情况正确选择合理的曝光参数,保证影像质量。

(3) 数据质量控制措施

航摄结束飞机返场后,摄影测量员要采用飞行管理软件,立即对获取的摄站点 GNSS 坐标数据做技术处理,当天评价飞行质量,若有不合格航线,应立即组织补飞。存储航片影像数据的介质在做妥善包装后,当天由专人护送至基地做数据后期处理,数据处理中心在第二个飞行日前将航片数据质量检验报告送交现场人员,以便及时修改作业方案。

4. 成果资料的检查

在整个作业实施过程中,实行"两级检查制度",保证飞行质量和影像质量满足航摄规范的要求。两级检查是指:航摄部门在第一时间对航摄成果进行检查;公司项目管理部在整个过程中进行监督,整个摄区航摄飞行完成后,及时安排人员对成果陆续进行检查,确定没有缺陷和需要补摄的内容后,对整个摄区的资料按照招标文件和规范的要求进行整理。所有成果资料整理完毕后,立即向甲方单位提出书面验收申请。

航摄成果质量检查结果分析:

① 摄影分区内实际航高与设计航高之差小于设计航高的 5%,同一航线上相邻像片的航高差不大于 30m,最大航高差不大于 50m。

② 旁向覆盖超出测区边界不少于像幅 50%,航向覆盖超出测区边界不少于 6 条基线,全摄区无航摄漏洞。

③ 影像质量清晰,层次丰富,反差适中,色彩鲜明,色调一致,可辨认清与地面分辨率相适应的细小地物,能建立清晰的立体模型。拼接影像无明显模糊、重影和错位现象。

④ 航摄资料的航向重叠、旁向重叠、倾斜角、旋偏角、航带弯曲度等各项精度均达到技术设计要求。

5. 安全生产和风险规避

航空摄影是一项高风险的工作,在项目的实施过程中要积极做好安全教育和安全检查,确保安全生产并保证项目按期实施完成。

6. 质量检查

质量检查的内容包括：

① 飞行质量；

② 摄影质量；

③ 航向重叠和航线旁向重叠度；

④ 像片倾斜角小于 4.5°，旋偏角小于 15°，航线弯曲度小于 3%；

⑤ 影像要求色彩；

⑥ 存储介质；

⑦ 成果齐全性检查。

任务 7.3　像片控制测量

像片控制测量是根据内业像片上的布点方案，在外业实地找到对应的像控点，并埋设测量标志，利用仪器测定出这些点的平面坐标和高程，同时在像片上选刺点位的工作。该项目的像片控制测量采用 1980 西安坐标系、1985 国家高程基准、高斯-克吕格投影、3°分带、中央子午线经度为××°。

1. 像控点布设及编号

综合考虑飞行架次、地形类别及地面分辨率等因素，本测区像控点布设采用区域网布点法，即一般只在区域网的四周布设平高点，中间增设一个高程点。若像片的重叠度过小，则在重叠部分增设高程点。按照航向 8~10 条基线、旁向 1~2 条基线的原则进行布设，确保布设范围覆盖地形图测区，且航带接头处无漏洞。像控点选刺于航向及旁向的六片重叠区域，且相邻航片质量清晰。像控点编号格式为"像片号＋序号"，如"53411"表示编号为"5341"像片的第一个点。

2. 像控点的点位和目标要求

① 选在线状地物的交点、明显地物拐角顶点处、影像小于 0.2mm 点状地物中心（如小灌木中心），交角必须良好。电杆、弧形地物、不固定的地物（如阴影、活动门、汽车）、点状目标影像大于 0.2mm 的不得作为刺点目标。

② 选在高程变化不大的地方，不应选在狭沟、尖山头或高程急剧变化的斜坡上。

③ 当像控点与基准面在不同平面时，应标注比高，量注至 0.1m；当点位周围不等高时，应标注比高量注的位置。例如接收机放在房角时，像控点的高程应是房角的高程（平面位置应是房角外角的位置），外业需注明房高到 0.1m，计算时只需减掉接收机天线的高度即可。

④ 像控点刺点目标的影像必须清晰、明显。

⑤ 应满足 GNSS 观测的要求：点位上应便于安置接收设备和操作，对空视野开阔，周围无大的水面，无较大遮挡。

附近不应有强烈干扰卫星信号接收的物体。远离大功率无线电发射台（如电视台、微波站等），其距离不宜小于 200m；远离高压输电线，其距离不宜小于 50m。

（6）观测后要拍摄现场照片远景、近景各一张，作为成果之一提交；同时方便后续空三加密工序准确量测。

3. 像控点的刺点及整饰情况

像控点的选刺执行《1∶500　1∶1000　1∶2000 地形图航空摄影测量外业规范》(GB/T 7931—2008)。平面控制点选择影像清晰、能准确刺点的目标，通常选在线状地物的交叉点或地物拐角上。高程控制点选在高程变化不大的地方，一般应选在地势平缓的线状地物的交汇处。像控刺点及整饰采用电子板，既方便快捷，又节约成本。在像片上找到相应位置并用图块标记，通过点位说明画出周围地物的相对关系。

4. 像控点的测量及精度

像控点的测量执行《全球导航卫星系统(GNSS)测量规范》(GB/T 18314—2024)，使用海星达双频 GNSS 接收机，采用双参考站快速静态方法观测，利用海星达数据处理软件进行平差计算，获取 34 个平高点作为像控点成果。像控点平面最大点位位移为 0.031m，高程最大误差为 0.24m，平均高程误差为 0.075m，整体精度优于技术设计要求。

GNSS 像控点分布图如图 7.5 所示，GNSS 像控点测量如图 7.6 所示。

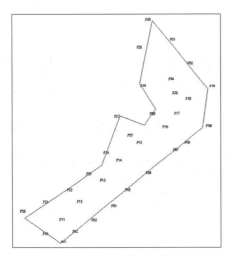

图 7.5　GNSS 像控点分布图

图 7.6　GNSS 像控点测量

5. 质量检查

质量检查的内容包括：

① 像控点布设范围；

② 像控点选点位置；

③ 像控点刺点精度；

④ GNSS 观测精度。

任务7.4　野外调绘

野外调绘是摄影测量外业工作的一个重要环节,是内业图形编辑的主要依据。本项目野外调绘范围略大于测图范围,调绘面积线在1∶2000比例尺电子DOM图上划定。由于测区的特点为地物稀少,主要以山地为主,且航摄资料现实性极强,因此采用内外业结合调绘法,即内业判断地物、地类的位置属性,外业确定地物类别、道路等级、去向及名称等属性。在调绘过程中,对于漏测、新增或者遮挡的地物进行及时补测。

1. 调绘的原则、方法和基本要求

(1) 调绘原则

调绘参照《1∶500　1∶1000　1∶2000地形图航空摄影测量外业规范》(GB/T 7931—2008)执行。图式符号执行《国家基本比例尺地图图式 第1部分:1∶500　1∶1000　1∶2000地形图图式》(GB/T 20257.1—2017),补充说明如下:

①测区的高压电塔、电杆、电线、通信线必须调绘;

②测区等级公路都必须调绘;

③林地需要调注树种、所属林场。

正确认识各种影像所反映的地物、地貌,恰当地运用图式符号准确表示。

各种数字和文字注记以及符号、线型等应准确无误,并做到清晰易读。

地物、地貌的综合取舍以满足选址设计的需要为前提,以既能适应图面允许荷载量,又能反映实地特征为原则。

同一位置不能同时按真实位置描绘两种以上符号时,应分清主次或将次要的移位表示,但移位后的地物、地貌,其相对位置不得改变。

外调完成后及时用图式符号或简化符号整饰,整饰完毕后进行接边和签名。

(2) 调绘方法

采用综合判读调绘法,也就是先室内判读调绘,后野外检核、调查和定性,最后室内整饰的方法。由于航片的现实性较好,所以树高可由内业判断;线路性质、道路名称、道路材质、村庄注记等由外业调绘。

(3) 调绘工作基本要求

调绘工作基本要求是"走到、看到、问到、绘准",不能随意定性或任意标绘。

外业调绘后的清绘采用红、黑、蓝三种颜色。红色:简化符号表示的道路、地类界、独立地物、片外各种注记、自由图边线等。黑色:各类正规表示的地物、大车路、小路、桥梁、道路附属设施、人工地貌、植被符号、地理名称注记等。蓝色:水涯线、单线沟渠及宽度注记、流向、干沟、水井、泉、输水槽、水系名称等。

2. 调绘面积划定要求

① 调绘范围必须略大于测图范围。

② 调绘范围线根据结合图在1∶2000 DOM(分辨率为0.5m)纸质打印图上划定。

3. 高程点补测

为了提高成图精度,达到项目要求,外业要补测一部分高程点。

外业高程点在测区内要均匀分布(像控点及基础控制点也充当外业高程点),最终平均每一幅 1∶2000 比例尺的标准图幅里要适当均匀补测外业高程点(见图 7.7)。

图 7.7　高程点补测

4. 质量检查

质量检查的内容包括以下四项。

1) 调绘片的图面检查

图幅内容调绘完整性的检查;图面图式符号应用正确性的检查;地物、地貌图面调绘表示合理性的检查;图面注记调绘的完整性、规范性、工整性的检查;调绘员、检查员签字及调绘日期的检查;外业新增独立地物较多区应使用全站仪地面实测方法测定,而不能使用交会法或者截距法;补测地物数据是否齐全;图面调绘整洁性的检查。

2) 实地调绘图纸的内容核对检查

(1) 测量控制点

① 控制点的完整性检查:是否按规范要求标注所有等级的控制点(如 GPS 点、三角点、水准点等)。

② 控制点的位置精度检查:控制点在图上的位置是否与实际坐标一致。

③ 控制点的符号表示检查:是否使用正确的图式符号表示不同等级的控制点。

④ 控制点的注记规范性检查:点名、高程、等级等注记是否完整、清晰、符合规范。

⑤ 控制点的现势性检查:是否标注已破坏或移动的控制点,并予以说明。

⑥ 控制点与周边地物的关系检查:确保控制点与邻近地物(如房屋、道路等)的相对位置正确,避免遮挡或误判。

（2）居民地

居民地房屋调绘的丢漏检查;房屋的形状调绘是否正确;房屋附属物调绘是否有丢漏;房屋附属物的调绘表示是否正确、合理;房屋间及与附属物的逻辑关系调绘是否正确;房屋及其附属物调绘中的综合取舍是否合理;垣栅类地物的调绘表示是否正确、合理;垣栅与周边地物的调绘表示是否合理;工矿地物的判读、调绘表示是否正确;工矿地物的调绘是否有丢漏。

（3）独立地物

独立地物的判读、调绘表示是否正确;独立地物的调绘丢漏检查。

（4）道路及附属设施

交通及附属设施:各等级道路的调绘是否正确;道路的形状、宽度的调绘是否正确;各等级道路相互关系的调绘是否准确;交通附属设施的调绘丢漏检查;交通附属设施与道路关系的调绘检查。

（5）管线及垣栅

电力线、通信线杆位及连线的丢漏检查;电力线（高压线的电压伏数调绘,10kV不调绘）、通信线表示的合理性检查;管道的调绘丢漏检查;管道调绘表示正确性检查;高压电力线、低压线、通信线等均应调绘。当同一杆上有多种线路时只表示主要线路。电杆、铁塔和工矿区的管道支架等杆位影像不清楚时要逐杆调绘并连线,不能取舍。地下光电缆、天然气管道、输油管道有明确标志的应准确表示,量取与明显参照物的相对距离。测区内的变压器要逐个调绘。10kV以上电压伏数需调绘上图。调绘需调出测风塔实际位置。

（6）水系及附属设施

水系调绘的连贯性检查;河流、沟渠有流向的水系地物的流向检查;湖泊、池塘的检查;水利设施的检查;水系与道路的关系调绘的检查。

（7）地貌

各种地貌坡、坎、垅调绘的丢漏检查;各种地貌坡、坎、垅调绘的正确性检查;各种地貌坡、坎、垅调绘表示的合理性检查;高程走势的合理性检查。

（8）植被

各类植被调绘的丢漏检查;各类植被调绘的准确性检查;地类界调绘的完整性检查。

（9）地理名称调查和注记

行政机关名称、村名、工矿企业单位名称的调绘检查;单位、小区、学校、医院、文化体育建筑、名胜古迹等名称的调绘检查;道路、桥梁、广场、街巷等名称的调绘检查;河流、沟渠名称的调绘检查。

境界:本项目不涉及。

3）外业调绘接边检查

各类地物、地貌的接边检查;植被的接边检查;各类名称注记、材质注记的接边检查。

4）实地外业成图的检查

地物点的平面精度检查;地物的差、错、漏检查;地形图的高程检查。

3. 调绘内容

（1）测量控制点

测量控制点（如三角点、水准点、GNSS控制点等）应外业实地调绘,标注点号及高程。平面控制点按实际位置精确表示,高程点需注记高程值。破坏或无法利用的控制点应予以说明。

(2) 居民地

居民地采用简化调绘,只调名称。房屋不绘轮廓,不注建筑材料,2 层以上房屋需注楼房层数。

(3) 独立地物

独立地物,如打谷场、烟囱、水塔、路标、水井、广告牌、庙宇由内业判读。无线电发射塔由外业实地调绘。地下建筑物一般不表示。对于独立坟及坟群,外业均应调绘。

(4) 道路及附属设施

外业只调绘等级、等外公路及附属设施。

等级公路必须调绘道路名称、路面性质;等外公路调绘路面性质和宽度。道路实地位置可不用标绘。

道路附属设施如桥、涵、挡墙、里程碑等均须按实地位置调绘。

对于大车路、乡村路,外业不调绘,由内业判读。

(5) 管线及垣栅

高压电力线、低压线、通信线等均应调绘。当同一杆上有多种线路时只表示主要线路。

电杆、铁塔和工矿区的管道支架等杆位影像不清楚时要逐杆调绘并连线,不能取舍。

地下光电缆、天然气管道、输油管道有明确标志的应准确表示,量取与明显参照物的相对距离。

测区内的变压器要逐个调绘。10kV 以上电压伏数需调绘上图。

调绘需调出测风塔实际位置。

(6) 水系及附属设施

对于水系及附属设施,由内业判读,外业调绘名称、流向。

(7) 地貌

外业不调绘地貌,地貌由内业判读测绘。

(8) 植被

植被应详细调注果园、经济林、经济作物地、林地、苗圃、旱地等有关的种类和范围,外业要调绘准确。

林地需要调注树种、所属林场,树高可由内业立体判读。

(9) 地理名称调查和注记

居民地、县市街道、厂矿企业、学校、医院、山名、沟名、河流、水库、沟渠和道路等名称必须实地调注正确,标注在调绘片上。

任务 7.5　解析空中三角测量

1. 作业要求

① 作业前认真检校仪器和检查软件配置,确保仪器性能良好,软件配置正确。

② 检查影像是否是畸变差改正后的航片、外业控制点文件和相机文件输入的正确性,以航摄单位提供的相机内方位鉴定元素和航测外业控制成果为准,确保空三加密原始输入数据

的完整无误。

③ 量测过程要认真、仔细、准确,对于外业点要根据刺点片点位、略图及说明仔细判读,避免点位量测错误。E级GNSS控制点作为高程控制点加入量测进行定向。

④ 量测中如发现外控点离各类标志太近,加密时注意处理此类问题。外控点量测时应量测主要的、影像清晰的像对。对外控点处于外插位置、影像不清晰的像对不要量测,否则会降低加密精度。

⑤ 由于无人机航片重叠度大,单个外控点涉及的航片较多,因此像控点的量测一定要细心,必须有第二人进行并相互检查。

⑥ 量测完成后要进行最终的平差结算,并利用外业高程点进行检查,或利用部分外业点作为空三高程控制点参与平差计算。

⑦ 由于航测制图的工期很短,为了提高空三加密的生产效率,空三加密的作业流程可以采用先完成内业加密点量测等工作,等外业控制点成果提交后,再量测外控点,最后进行平差计算,平差结果满足各项限差要求后将成果提交采集工序并上交资料室存档。

2. 内业加密点分布要求

① 内业加密点尽量布满像片全部范围,每张像片不少于3个6°重叠的航带连接点。按3×3标准位置选点,每个区域连接点数量不少于3个。应加强图形构网强度的检查,在少点位置予以补点。

② 大的河流、水库上要量测一定数量的水位点。

3. 空三加密

① 空三加密采用全数字摄影测量工作站完成,量测计算采用空三加密程序HAT,数据平差模型为光束法区域网平差。

② 航片使用前对原始航片进行畸变差改正,检查了外业控制点文件和相机文件输入正确性。以上无误后开始量测外控点,外控点的量测由专业人员进行,并由另外一位专业人员检查。

③ 量测完成后要进行最终的平差解算,首先将物方标准方差权减小,进行粗差的消除,然后逐步提高物方权重,确保粗差被全部探测出来,最后给合适的权值强制平差。

④ 空三加密经过像点连接、像控点量测、平差计算过程,平高精度及接边精度符合规范及技术设计书规定,可以提供数据供采集工序使用。

4. 质量检查

质量检查的内容包括:
① 像片控制点范围、精度;
② 相机文件检查;
③ 测区信息文件设置检查;
④ 相对定向结果检查;
⑤ 控制点量测精度检查;
⑥ 控制点残差结果检查;

⑦ 控制点分布检查；

⑧ 标准点位像点分布检查；

⑨ 外业实测图根点高程参与加密平差计算情况检查；

⑩ 空三整体精度检测；

⑪ 空三测区接边检查（内部接边和外部接边）；

⑫ 问题记录以及处理记录手簿是否齐全，填写是否规范合理完整。

任务 7.6 地形图绘制

7.6.1 数据采集

1. 数据采集

加载空三加密的成果，自动恢复模型后进行立体测图，立体采集使用 MapMatrix 全数字摄影测量工作站完成 1∶2000 DLG 生产，地形图图式参照《国家基本比例尺地图图式 第 1 部分：1∶500 1∶1000 1∶2000 地形图图式》(GB/T 20257.1—2017)。作业前先采集模型的范围线，并在范围线处进行模型接边差检查，符合本项目要求后再进行作业。操作流程为：新建 FDB 矢量文件、设置成图比例尺→导入控制点文件→设置矢量文件参数→选择立体像对，打开实时核线像对→配置地形图图式符号库→数据采集→导出 DWG 格式的文件。（见图 7.8）

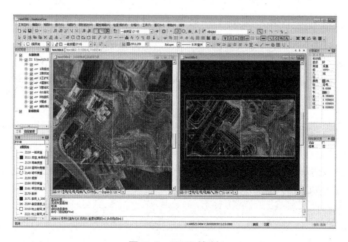

图 7.8 DLG 绘制

2. 质量检查

质量检查的内容包括：

① 恢复立体模型内定向、相对定向、绝对定向误差是否超限。

② 模型之间是否进行接边。

③ 像控点引进立体进行精度检测,检测结果是否符合设计书对精度的要求。

④ 是否采用不正确比例尺测图。

⑤ 图幅之间是否接边。

⑥ 图幅范围是否正确。

⑦ 采集精度:是否采集变形、失真,如点、线、面状地物移位、高程不准确等。

⑧ 建筑物拐角是直角的情况,采集工序是否正交;非直角的情况,采集工序是否误使用直角闭合方式;房屋是否按房屋的层次分别采集,是否按要求逐个测绘、不综合。

⑨ 该实交要素是否实交(如房屋和围墙之间的关系处理)。

⑩ 是否有明显的地物遗漏、误采集的(如房屋、水系、道路、电力线、境界、等高线、田埂、坎、地貌等)。

⑪ 道路拐角表示是否严重失真,道路是否不成系统(孤立存在的)。

⑫ 特征点位及其他必须打高程点的地方是否有未打高程点的。

⑬ 相互关系处理是否合理(如:同一条路路宽不一致的,铺装线不对称,道路两边行树和道路不对称,路拐角弧形为锐角或纯角的;水倒流;地类界和其他能代替地类界等重复表示的)。

⑭ 层码是否错误。

⑮ 数据是否重复。

⑯ 高程精度作为采集检查重点。

⑰ 等高线是否不光滑等。

⑱ 提请外业补测的标识是否完整合理。

⑲ 采集工序手簿是否填写,填写是否规范合理完整。

7.6.2　图形编辑

1. 图形编辑

采用南方 CASS 9.1 软件进行图形编辑,作业流程为:设置比例尺及符号库→导入 MapMatrix 测图工作站采集 DWG 文件→参照野外调绘的像片,将地物遗漏,包括线路、注记、独立地物、植被等补充到 DWG 文件→处理图上点、线、面之间的关系。

① 检查图形编辑工作站的软件参数配置是否正确,包括符号库、线型库等。

② 地形图转换:将 MapMatrix 工作站采集的图形数据转换成正确的 CAD 数据(＊.dwg)文件。转换完成后参照调绘片检查地物有无遗漏,如果存在不能转换的图形符号,应查明原因。

③ 图幅切边前注意处理范围线和接边处的地物、地貌,避免图幅切边引起地物丢失。

④ 依据外业调绘片对图形要素进行编辑。

⑤ 图内字体要求:按照《国家基本比例尺地图图式 第 1 部分:1∶500　1∶1000　1∶2000 地形图图式》(GB/T 20257.1—2017)标准作业。

⑥ 编辑完成后作业员应认真自校和接边检查,注意接边处地物、地貌的性质和类别的一致性。

⑦ 作业员接边、自校完成后,交检查员严格检查,并做到原始记录清楚,作业记录(含问题处理)、签署需齐全。项目填写完整、齐全、正确,签名后方可提交。

⑧ 图廓整饰:

a.50cm×50cm 矩形图廓,外图廓线 1.0mm 宽,内外图廓线相距 11mm,标准公里网十字线划。

b.四角坐标标注取至 0.1km,字型为中等线体 2.4。

c.图廓上部中央,图名为"××风电场工程地形图",中等线体 6.0,与图号间隔 3.0mm。

d.图廓上部中央标注图幅号,字体为长等线体,字大为 5.0mm×2.5mm(高×宽),距外图廓 5mm。

e.图廓西部南侧的测绘机关名称"××公司",距西图廓 3mm,字型为细等线体 4.0。

f.图廓上部西侧的接合表用图号注出,字体为细等线体 2.5。

g.图廓右上角标注"秘密",字体为扁等线体,字大为 3.0mm×4.0mm,距外图廓 5.0mm。

h.图廓底部中央标注比例尺"1:2000",距外图廓 5mm,字型为宋体 4.0。

i.图廓底部左侧标注共四行:

"××年××月航空摄影,××年××月航测成图。"

"1980 西安坐标系,中央子午线:××。"

"1985 国家高程基准,等高距为 2 米。"

"GB/T 20257.1—2017 版图式。"

图形编辑界面如图 7.9 所示。

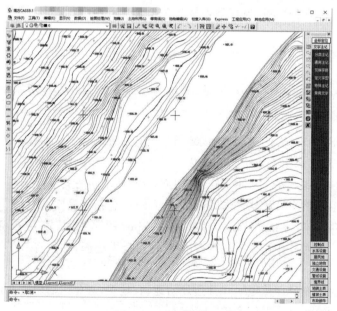

图 7.9　图形编辑

经检查,地形图地形、地物的平高精度及接边精度符合规范及技术设计书规定,均在限差以内并做合理处理。

项目7 摄影测量技术在地形图测绘中的应用

2. 质量检查

质量检查的内容包括：

① 调绘片的内容是否全部上到图内，是否有丢漏，如丢漏村庄名称、单位名称、道路名称、植被，丢漏电力线；是否有错绘等。

② 补测数据是否全部上图，上图数据与周边地物关系处理是否到位，精度是否超限。

③ 房屋是否正交、不变形。

④ 房屋、墙院是否完整，图面表示是否合理。

⑤ 主次干道表示是否合理，道路与居民区的关系是否合理。如城乡接合部的道路，有名称的按支线表示，无名称的按等外路表示。

⑥ 道路等级是否分明、成网，附属设施是否表示合理，路堤、堑、桥、涵是否表示合理且无丢漏，公路路名、等级代码、材质是否齐全。

⑦ 管线、垣栅符号是否正确、合理；电力线起止是否交代不清、丢漏，高压线电压伏数是否丢漏。

⑧ 水系是否表示合理、成网；流向、河名等是否丢漏，与地形是否协调。

⑨ 地形、地貌是否采编到位，表示是否合理，等高线是否在应断处断开，是否丢漏，点线是否合理，标高列、示坡线是否丢漏。

⑩ 植被是否表示合理，地类界及植被符号是否运用正确，是否丢漏。

⑪ 数据中的符号、线型是否和图式相关规定一致，是否正确表示。

⑫ 等高线是否有严重的悬挂、打折、矛盾点、重复线、飞点、飞线等（程序检查）；高程点个数是否缺少。

⑬ 注记字体、字大是否和相关要求一致。

⑭ 范围是否完整。

⑮ 比例尺是否正确，数据格式是否正确、完整。

⑯ 数据的颜色是否正确统一。

⑰ 图廓整饰是否正确（字体、间隔等）。

⑱ 数据接边（分批数据的接边）。

任务7.7　风机位地形图测绘

风机是对气体压缩机械和气体输送机械的简称，通常所说的风机包括通风机、鼓风机及风力发电机。风机位即风机所在的位置，在风电场中，风机位就是风力发电机组安装的具体位置。合理选择风机位，能让风机捕获更多风能，实现发电效益最大化。

在风电场规划中，风机位排布需遵循一系列原则，以提高发电效率、降低成本并减少对环境的影响。

① 顺应风向排列：风力发电机组应垂直于主导风能方向排列，这样能让风机更好地捕获风能。

② 土地利用高效化：充分利用风电场土地，避免土地资源浪费。

③ 降低相互影响：尽量减小风力发电机组间的相互影响，满足风电机组间行距、列距要求。比如传统布机方式中，主风向上风机间距一般按叶轮直径的 5～7 倍、垂直主风向上按 3～5 倍考虑。

189

④ 地形等因素考量：综合考虑风电场地形、地表粗糙度、障碍物等，将其影响降到最低。例如在平原地区，障碍物多会影响机位选择和排布，需根据相关规定和实际情况合理避让。

⑤ 资料合理运用：合理利用风电场测站订正后的测风资料，为风机位排布提供科学依据。

⑥ 缩短连接距离：考虑风电机组间的相互影响后，尽量缩短机组间距离，减小场内道路、集电线路长度，降低建设成本。

⑦ 周边设施避让：尽量考虑与周边风电场风电机组相互避让，同时要让风机与附近高压线、工厂、公路、铁路、坟地等保持一定的安全距离。

⑧ 环境与安全兼顾：考虑风机噪声对附近居民的影响，以及风机运行可能带来的光影效应、生态环境改变等问题。

⑨ 现有资源利用：尽量利用现有道路，减少额外的道路建设成本。

⑩ 其他因素考虑：充分考虑风电场征地指标等其他影响因素。

风机位地形图测绘是风电项目建设中不可或缺的一部分，主要目的是获取风机位置及其周围地形的精确数据，为风机的选址、设计和建设提供基础地理信息，确保风机的布局能够充分利用风资源，同时避开不利的地形和环境因素。

在电力勘测领域，无人机测绘主要用于输电线路的路径选取、发变电工程选址等。风机位地形图测绘通常包括1∶2000～1∶500及更大比例尺的风机点位和升压站地形图测绘。针对风机位测绘中测区范围小且分布零散的特点，采用无人机低空摄影测量技术通常可满足1∶2000～1∶500比例尺地形图的精度要求。

根据甲方提供升压站范围和风机位坐标，参照《1∶500 1∶1000 1∶2000地形图航空摄影测量外业规范》(GB/T 7931—2008)和《国家基本比例尺地图图式 第1部分:1∶500 1∶1000 1∶2000地形图图式》(GB/T 20257.1—2007)，以风机位为圆心、以50m为半径为施测范围，全野外实测1∶200地形图，高程点间距6～8m，共完成25个风机位的地形图测量工作。

风机位地形图如图7.10所示。

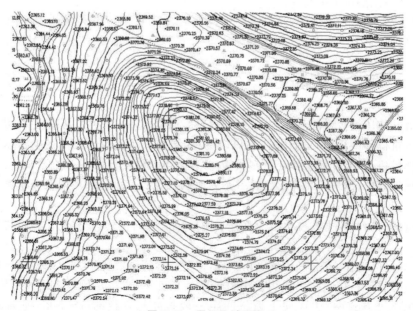

图7.10 风机位地形图

任务 7.8　技术总结

本测区内外业作业过程和质量控制按照设计要求执行。经最终检查,基础控制成果从点位布设、选点、标石规格及埋设、使用仪器、观测、控制网联测、已知点成果、基线处理和平差解算使用的软件、控制点的平高精度均符合规范和设计标准;该区航测数字地形图(DLG)地物、地貌表示正确、完整;综合取舍恰当,各类要素关系合理;各种符号和注记使用规范正确;图面表示层次分明、清晰易读,符合图式、规范和设计要求,质量合格,可以提交用户使用。

成果提交包括技术设计书和控制测量成果。

① 基础控制成果提交:

a. 1980 西安坐标系成果 1 份;

b. 1954 年北京坐标系成果 1 份;

c. 基础控制点分布图、网图 1 份;

d. 基础控制点点之记;

e. 已知控制点成果;

f. 观测、计算资料(含解算工程、renix 格式数据一套);

g. 仪器鉴定报告 1 份。

② 像控成果提交:

a. 像控点成果一份;

b. 像控点刺点片一套。

③ 风电场工程地形图电子文件成果:1980 西安坐标系标准分幅、总图一套。

④ 分幅结合图表电子文件一套。

⑤ 风机位 1∶200 地形图 25 幅。

⑥ 专业技术总结。

⑦ 质量检查报告。

参 考 文 献

[1] 张丹,刘广社.摄影测量[M].3 版.郑州:黄河水利出版社,2021.

[2] 张军.摄影测量与遥感技术[M].2 版.郑州:黄河水利出版社,2019.

[3] 国家测绘局.1∶500　1∶1000　1∶2000 地形图航空摄影测量内业规范:GB/T 7930—2008[S].北京:中国标准出版社,2008.

[4] 中华人民共和国自然资源部.低空数字航空摄影测量内业规范:CH/T 3003—2021[S].

[5] 中华人民共和国自然资源部.低空数字航空摄影规范:CH/T 3005—2021[S].

[6] 杨国东,王民水.倾斜摄影测量技术应用及展望[J].测绘与空间地理信息,2016,39(1):13-15.

[7] 陈凤.基于无人机影像空中三角测量的研究[D].抚州:东华理工大学,2012.

[8] 刘淑慧.无人机正射影像图的制作[D].抚州:东华理工大学,2013.

[9] 刘样.无人机倾抖摄影测量影像处理与三维建模的研究[D].抚州:东华理工大学,2016.

[10] 郑强华.低空无人机空中三角测量精度分析[D].抚州:东华理工大学,2015.

[11] 冯鹏飞.基于稀疏矩阵的自检校光束法平差相机检校研究[D].西安:西安科技大学,2014.

[12] 简康.无人机航迹规划算法研究[D].西安:西安电子科技大学,2014.